우리 아이가
말이 늦어요

*

집에서 직접 하는
엄마표
현실 언어치료

*

우리 아이가 말이 늦어요

서유리 지음

카시오페아
Cassiopeia

세상의 모든 부모와 아이들을 응원하며

아이의 언어 발달을 조금도 의심해보지 않고 아이를 키운다면 그 것은 감히 축복이라고 할 수 있다. 대부분 부모는 아이의 성장을 지 켜보며 행복하기도 하지만 동시에 불안해하기도 한다. 아이가 어떤 행동을 해도 그것을 바라보는 것만으로 즐거움과 동시에, 혹시 우 리 아이가 뭔가 부족하지 않은지, 내가 잘못하는 것은 없는지 염려 가 들기 때문이다. 주변에 내 아이보다 말을 잘하는 또래 아이를 보 거나, 아이가 묻는 말에 제대로 대답하지 못하거나, 심지어 어린이 집 선생님으로부터 조심스럽게 언어치료를 권유받게 된다면 심장 이 쿵 내려앉을 수밖에 없다. 이렇게 되면 불안을 넘어 두려움까지 느끼기도 한다.

《우리 아이가 말이 늦어요》는 말이 늦던 아이를 키운 엄마의 생 생한 기록이다. 저자는 말이 늦던 아이를 키우는 과정을 담담하게 그리고 솔직하게 그렸다. 저자는 누구보다도 아이를 잘 키울 것 같은 초등 교사라는 직업을 가졌지만, 아이의 말이 늦다는 사실 앞에서는 한 아이의 엄마일 뿐이었다. 이 책을 보면 아이의 언어 발달을 위해 무엇을 하면 좋을지 몰라 간절하게 방법을 찾고 치열하게 고민했음을 느낄 수 있다. 그런 마음으로 썼을 저자의 기록을 찬찬히 들여다보고 있노라면 그 내용이 절대 가볍지 않다. 혼자만 공감하고 알 수 있는 일기 같은 내용이 아니라, 아이의 언어 자극에 대해 깊은 고민과 나름대로 연구하고 방법을 적용한 뒤, 면밀한 관찰의 결과를 적어두었다.

이 책에서 특히 언어치료사로서 저자를 칭찬하는 점은 아이의 언어 문제를 확인한 후, '그다음'이 명확했다는 점이다. 아이의 현 문제가 무엇인지 어떻게 해야 할지를 고민한 저자는 이를 엄마표 언어 자극의 출발점으로 삼았다. 아이의 현재 발달 상황에 대해 객관적이고 명확하게 파악하는 것은 언어 자극의 가장 기본이다. 책에 나오는 저자처럼 아이의 언어 발달을 위해 매 순간 매 상황에서 최선을 다하는 것이 매우 중요하다. 이는 오로지 엄마만이 자신의 아이를 위해 할 수 있는 맞춤형 언어 자극이다. 아이는 소소하지만 지속되는 엄마의 언어 자극과 자신의 말을 경청하는 엄마의 태도 안에서 성장하는 것이다.

《우리 아이가 말이 늦어요》에서는 저자가 직접 적용하고 효과를 본 엄마표 언어 자극에 대한 많은 팁을 얻을 수 있다. 부모로서 아이의 언어 자극에 관한 생각과 언어 자극의 방법에 관한 고민은 같은 처지의 부모라면 누구나 한 번쯤은 떠올려 봄직한 이야기들이라서 더욱 생생하게 다가온다. 그 방법들은 전문가들만 할 수 있을 것처럼 보이는 어려운 내용도 아니고 아이에 대한 애정과 관심이 듬뿍 들어가 있는 내 아이 맞춤형이라는 점에서 더욱 의미가 있다. 아무리 유능한 언어치료사라도 아이가 좋아하는 것, 무엇이 가장 효과적인지에 대해 부모보다 더 정확하게 알고 있는 사람은 없기 때문이다. 저자는 아이의 발달을 끌어내는 키워드가 바로 내 아이와 부모에게 있으며, 이 점에서 언어 자극이 출발해야 한다는 것을 놓치지 않았다.

이 책을 읽는 모든 부모가 여기에서 소개한 작은 팁들을 바탕으로 오늘부터 바로 '내 아이 맞춤형 언어 자극'을 시작해보기를 바란다. 대신 저자처럼 아이에 대한 객관적이고 명확한 시각을 가져야 한다. 그리고 지금 나의 말과 행동 하나하나가 아이의 발달을 끌어낼 수 있다는 확신을 가진다면 더 좋은 결과를 얻을 수 있을 것이다. 부모들의 이런 시도와 도전에 이 책이 분명 좋은 자극제이자 길잡이가 되어줄 것으로 믿는다.

장재진 _언어치료사, 《아이의 언어능력》, 《하루 5분 엄마의 언어 자극》저자

'평균'이라는
덫에 걸린 사람들을 위해 글을 쓰다

- 꿈이의 말이 늦다고?

꿈이는 엄마 배 속에서 충분히 놀다 41주 만에 54cm, 3.46kg, '평균 이상'의 모습으로 태어났다. 이 '평균'이라는 단어가 얼마나 소중한 가치를 가지는지, '평균' 혹은 '평균 이상'의 아이를 키우는 부모들은 잘 알지 못할 것이다. 나 또한 꿈이가 6개월 정기 검진을 받기 전까지는 그 가치를 깨닫지 못했다.

신생아 시절 꿈이의 눈빛은 똘망똘망했다. 다른 아이들의 '평균' 대로 50일쯤 고개를 가누었고 100일쯤 뒤집기를 했다. 뒤집기를 한 후 바로 되짚어 뒤집기를 할 수 있어 오히려 '평균 이상'이라는 생각을 가졌다. 또 딸만 둘 키운 우리 엄마는 꿈이가 너무 뚱뚱한 것 같다며, 분유를 벌컥벌컥 먹고 있는 모습이라도 보게 되면 너무 많이 먹이지 말라고 하셨다. 우리 모두 꿈이의 발달이 더하면 더했지 덜하지는 않을 거라며 큰 걱정을 하지 않았다.

6개월 정기 검진을 받던 날, 나는 아무 걱정 없이 들어갔던 진료실에서 꿈이의 키와 몸무게가 평균 이하라는, 그것도 하위 5% 정도라는 이야기를 듣고 큰 충격을 받았다. 아니, 충격을 넘어 상처였다.

　그 후 육아 서적도 열심히 읽어보고 지인들의 경험담도 들어보니, 꿈이는 결코 잘 먹는 아이가 아니었다. 잘 먹는 아이는 분유를 한 번에 200ml 이상, 하루에 1,000ml까지도 먹는다고 했다. 꿈이는 노느라 먹는 것에는 관심이 없어 재울 때 먹는 것으로 겨우 그날그날의 양을 맞추는 수준이었다. 그래도 먹는 것을 제외하고는 칭얼거리지도 않고 혼자 잘 노는 아이였기에 '먹는 것만 평균 정도로 먹으면 좋겠다.'라는 생각을 가졌다.

　"엄.마. 해봐."

　온종일 돌아다니며 놀기 바쁜 꿈이를 쫓아다니며 사람들은 꿈이에게 '엄마'나 '아빠'와 같은 말을 요구했다. 하지만 꿈이는 들은 척도 하지 않았다. "꿈이야"라고 부르는 말에도 대답하지 않고 쉴 새 없이 걸음마 보조기를 밀고 다니거나 에듀테이블 버튼을 누르곤 했다.

　"아이가 정말 순하네!"

　사람들은 이런 꿈이를 보며 혼자 잘 노는 순둥이라고 칭찬했고 나에게는 전생에 나라를 구한 게 아니냐며 육아가 비교적 편하겠다

우리 아이가 말이 늦어요

는 부러움 섞인 시선을 보냈다.

초보 엄마 아빠가 의지할 곳이라곤 먼저 아이를 키워본 육아 선배들이나 육아서, 소아과 의사 뿐이었다. 그런데 누구도 꿈이의 순둥이 같은 행동을 부정적으로 말하지 않았다. 그래서 우리 부부는 이 행동이 상호 작용의 문제라고는 생각하지도 못했다.

"꿈이가 조금 특이한 건 알고 있지?"

어느 날 육아 이론에 충실하게 아기를 키우고 있는 한 친구가 내게 이런 말을 했을 때에도 약간 걱정은 했지만 특이한 게 문제 될 것은 없다고 생각했다.

꿈이는 1월생이다. 같은 해에 태어난 12월생과 비교했을 때, 그들은 이제 막 뒤집기를 하는 정도지만 꿈이는 벌써 밥도 먹고 걸음마도 하고 있었다. 직립 보행이 가능한 한 명의 '인간'이 된 상황이니 이름을 불러도 반응이 없는 게 큰 문제가 될까 싶었다. 지금 생각해 보면 그래도 직업상 여러 유형의 아기를 만나는 그 친구가 왜 그렇게 말했는지 이유를 자세히 물었어야 했다. 그러나 그 당시에는 꿈이가 잘 성장하고 있다고 철석같이 믿고 있었기에 대수롭지 않게 흘려듣고 이유를 묻지 않았다.

그렇게 시간이 흐른 게 잘못이었을까. 6월생이던 그 친구의 아이는 돌이 지나자 "엄마, 아빠"라고 말하기 시작했는데 18개월인 꿈이는 여전히 입을 떼지 않았다. 정확히 말하면 입을 열어주지 않았다. 엄마가 필요한 순간, 주변에 엄마가 없을 때는 "엄마!" 하고 외치긴 하지만 "엄마"라고 말해보라고 할 때는 절대 말하지 않았다. 뭔가 이상했다.

하루는 어린이집 선생님이 조심스럽게 상담을 청했다. 당시 나는 돌이 갓 지난 꿈이를 어린이집에 맡기고 학교로 복직을 한 상태였다. 꿈이의 일과를 엄마, 아빠보다는 어린이집 선생님이 더 잘 알고 있는 상황이라 불안한 마음으로 상담을 받았다.

"어머니, 큰 병원 한번 가보시는 게 어때요?"

가슴이 쿵 내려앉았다. 선생님은 꿈이가 또래와 비교하면 소근육, 대근육 발달은 빠른 편인데 말을 하지 않는 게 너무 이상하다고 말씀하셨다. 연세가 있는 편인 그 선생님의 표현을 그대로 빌리자면 "아이 귀가 잘 뚫버져 있는지 의심스러울 지경이에요."라고 하셨다. 신생아 때 한 난청 검사나 평소에 이런저런 소리에 반응하는 모습을 보면 꿈이의 귀는 분명히 잘 '뚫버져' 있었다. 그렇지만 엄마 아빠의 불안한 마음이 제3자인 어린이집 선생님과 일치한 상황에서 큰 병원을 가는 것은 당연한 일이었다.

"엄마가 보시기에 어떠세요?"

어렵사리 예약하고, 당일 4시간이나 대기하고 만난 재활 의학과

의 교수는 팔짱을 낀 채 옆으로 쓱 보곤 내게 공을 돌렸다.

"크게 문제는 아닌 것 같지만 느린 건 맞는 것 같아요."

"제가 보기에도 귀도 잘 들리고 말을 안 하는 거지, 못 하는 건 아닌 것 같아요. 분명 집안에 말이 늦은 사람이 있었을 거예요. 크게 걱정할 일은 아닙니다."

오랜 시간 고민하고 기다린 병원에서의 진료는 5분도 되지 않아 끝났다. 다소 허무했지만 그래도 의사가 괜찮다니 마음이 한결 가벼웠다. 혼자 중얼거렸다.

"이거 봐, 괜찮다잖아. 괜찮겠지!"

꿈이는 마치 무성 영화의 주인공처럼 성장해 나갔다. 분명 종일 분주하게 놀지만 너무나 조용했다. 할 수 있는 능력치에 비해 말수가 너무 적었다. 걱정이 되기도 했지만 '의사 선생님도 괜찮다고 했으니깐.' 하는 마음으로 지내다 보니 어느새 두 돌이 되었다.

두 돌 정기 검진을 앞두고 영유아 검진표를 작성하며 그제야 '아차!' 하는 마음이 들었다. 꿈이의 '언어'와 '인지' 영역에서 체크할 수 있는 것이 하나도 없었다. 분명 우리 꿈이는 똑똑한 것 같은데 심증만 있을 뿐 물증이 없었다. 이대로 검진표를 낸다면 이 평가의 낙제점을 받을 것이 분명한 그 참담한 심정은 '평균'의 아이를 키워본 부모들은 모를 것이다.

"안 되겠어. 나만의 프로젝트를 시작해야겠어."

그 후로 나는 약 18개월간의 나만의 프로젝트를 진행했고, 그 결과 꿈이는 눈부신 성장을 이뤄냈다. 똑소리 나는 수다쟁이는 아니지만 '그냥 지켜봐도 될 것 같은 수준'의 아이라는 확신이 들게 되었다. 또 엄마 아빠인 우리가 '우리의 양육 방식을 의심하지 않아도 될 것 같다.'라는 자신감을 느끼기에는 충분한 수준이 되었다.

아이의 언어에 관심을 가지면서 찾아본 수많은 육아서와 언어 관련 서적은 대부분 '36개월 전에 아이의 언어가 어느 정도 완성이 되어야 함'을 전제하고 있다. 이것이 학술적으로는 맞는 말일 수 있겠지만, 말이 늦은 부모들에게 굉장히 상처가 되는 말이다.

나는 우리 가족의 경험을 우리와 같은 고민에 빠진 사람들과 공유하고 싶었다. 아이의 언어에 관심이 있는 부모, 가족에게 정서적 안정과 실질적 도움을 주고 싶었다. 이것이 이 책을 쓴 이유다.

아이의 말을 걱정하는 모든 분에게 전하고 싶다.

"평균의 덫에 걸려 걱정하고 상심하기보단 조금 더 현실적이고 적극적으로 움직이길 바랍니다. 그러면 분명히 이 상황을 해결할 수 있습니다."

서유리

차례

추천사 · 세상의 모든 부모와 아이들을 응원하며

Prologue · '평균'이라는 덫에 걸린 사람들을 위해 글을 쓰다

Chapter 1. 언어치료를 받아야 할까?

Chapter 2. 장난감으로 언어능력을 키우자!

Chapter 6. 꿈이의 일상

Chapter 1

언어치료를 받아야 할까?

기다리면 된다는 거짓말

많은 육아 선배들이 늘 하는 말이 있다.

"초조해할 필요 없어. 기다리면 다 해!"

육아서를 읽으면 생후 몇 개월에는 이런 행동을, 몇 개월에는 이런 반응을 보여야 한다는 구절이 많다. 그런데 우리 아이는 도통 정석대로 행동하지 않았다. 항상 자기 혼자만의 세계에 빠져 신나게 하루하루를 보내는 느낌이었다. 불안했지만 주변에서 괜찮다고 하고 유명한 재활 의학과 의사도 시큰둥한 반응으로 기다리라 했으니 정말 기다리면 되는 줄 알았다. 그런 기다림으로 어느덧 꿈이는 24개월 검진을 앞두게 되었다.

꿈이는 '안 먹는 아이'다. 신생아 때는 잘 먹는 것 같았는데 뒤집기를 시작한 이후 먹는 걸 너무 싫어해서 젖병을 들이밀면 통곡

했다. 그러다 너무 심하게 울어 그나마 먹은 걸 게워내기 일쑤였다. 그래서 꿈이가 깨어 있는 동안은 행복하게 놀 수 있게 놔두고 잠이 든 꿈이의 입에 젖병을 들이밀었다. 잠결에 먹는 이른바 '꿈수'를 한 것이다.

그런 꿈이가 이유식을 시작하니 집 안은 전쟁터가 되었다. '꿈수'가 통하지 않으니 밥 먹는 시간이면 전쟁이 따로 없었다. 먹이려는 나와 안 먹으려는 꿈이의 실랑이로 식사시간은 보통 1시간이 넘었다. 그나마도 쫓아다니며 흘리는 것 반, 먹는 것 반이라 식사가 끝나면 1시간 동안 집 안 여기저기 덕지덕지 달라붙은 이유식 전쟁의 흔적을 닦아내야 했다. 그다음 이유식 범벅이 된 꿈이를 씻기고 잠깐 혼자 노는 시간을 가지면 금방 낮잠 시간이 됐다.

사정이 이렇다 보니 언젠가부터 꿈이와 책을 읽거나 상호 작용을 하는 것은 사치였다. 내가 꿈이에게 책을 가장 많이 읽어준 시기는 뒤집기 전인 100일 무렵이었다. 뒤집기를 한 후 배밀이, 서기, 걷기…. 꿈이가 하나, 하나 기능을 탑재할수록 나와 상호 작용을 할 수 있는 시간은 줄어들었다. 꿈이가 혼자 잘 논다는 핑계로 그저 바라보기만 할 뿐이었다. 그 와중에 잘 키워보겠다며 영상을 보여준 적도 없으니 고요하게 적막이 흐르는 공간에서 꿈이는 오로지 장난감 속에서 흘러나오는 경쾌한 음악에 맞춰 춤을 출 뿐이었다.

이런 상황에서 기다리면 다 한다는 믿음 하나에 의지하다니. 지금 생각해보면 참 용감했다. 게다가 엄마의 복직 때문에 빨리 가게 된 어린이집 담임 선생님은 연세 때문인지 꿈이가 노는 모습을 흐뭇한 미소를 띠고 바라볼 뿐이었다. 날이 갈수록 꿈이는 더더욱 활발해졌으나 더더욱 조용해졌다.

검진을 앞두고 문진표를 보며 뭔가 잘못돼도 한참 잘못됐음을 깨달았다. 그동안의 검진에서는 안 먹는 아이답게 키와 몸무게가 하위 몇 등인지에 대한 두려움 외에는 자신만만한 상태였다. 그런데 언어가 늦으니 '인지 영역' 자체를 측정할 수가 없었다. '말은 없지만 똑똑한 아이'라는 것이 착각인지 아닌지 도통 알 수가 없었다.

혼자 신나게 노는 모습을 보면 관찰할 수 있는 대근육, 소근육 활동은 만점에 육박했다. 혼자 옷 입고 신발 신고 문 열고 밖에 나가버리는 24개월 능력자 아이에게 문진표 속 신체 발달 관련 문항은 일도 아니었다. 그러나 인지와 언어 점수는 처참했다.

대근육 운동

- 제자리에서 양발을 모아 깡충 뛴다.
- 계단의 가장 낮은 층에서 두 발을 모아 바닥으로 뛰어내린다.
- 서 있는 자세에서 머리 위로 팔을 높이 들어 공을 앞으로 던진다.

- 난간을 붙잡고 한 발씩 번갈아 내디디며 계단을 올라간다.

- 발뒤꿈치를 들고 발끝으로 네 걸음 이상 걷는다.

- 난간을 붙잡지 않고 한 계단에 양발을 모으고 한 발씩 계단을 올라간다.

- 아무것도 붙잡지 않고 한 발로 1초간 서 있는다.

- 자연스럽게 달린다.

소근육 운동

- 숟가락을 바르게 들어(음식물이 쏟아지지 않도록) 입에 가져간다.

- 블록을 4개 쌓는다.

- 블록 2개 이상을 옆으로 나란히 배열한다.

- 문손잡이를 돌려서 연다.

- 연필의 아랫부분을 잡는다.

- 유아용 가위를 주면 실제로 종이를 자르지는 못해도 한 손으로 종이를 잡고 다른 손으로는 가윗날을 벌리고 오므리며 종이를 자르려고 시도한다.

- 신발 끈 구멍에 끈을 끼운 후 빼낸다.

- 수평선 그리는 시범을 보여주면 흉내 내서 그린다(이미 그려져 있는 선 위에 따라 그리는 것은 해당되지 않는다).

우리 아이가 말이 늦어요

인지

- 그림책에 나온 그림과 같은 실제 사물을 찾는다(예 : 열쇠 그림을 보고 실제 열쇠를 찾는다).

- 동물 그림과 동물 소리를 연결한다.

- 지시에 따라 신체 부위 5개 이상을 가리킨다(눈, 코, 입, 귀, 팔).

- 2개의 물건 중에서 큰 것과 작은 것을 구분한다.

- 빨강, 노랑, 파랑 토막들을 섞어놓으면 같은 색의 토막들끼리 분류한다.

- 동그라미, 네모, 세모와 같이 간단한 도형 맞추기 판에 3조각 이상 맞춘다.

- '많다-적다'와 같은 '양'의 개념을 이해한다(예: 사탕 2개와 사탕 6개를 놓고 어떤 것이 더 많은지 물었을 때 많은 것을 가리킬 수 있다).

- 2개의 선 중에서 길이가 긴 것과 짧은 것을 구분한다.

언어

- 그림책 속에 등장하는 사물의 이름을 말한다(예: 신발을 가리키며 "이게 뭐지?" 하고 물으면 "신발"이라고 말한다).

- 정확하지는 않아도 두 단어로 된 문장을 따라 말한다(예: "까까 주세요.", "이게 뭐야?"와 같이 말하면 아이가 따라 말한다).

- "나", "이것", "저것" 같은 대명사를 사용한다.

- 다른 의미를 가진 두 개의 단어를 붙여 말한다(예: "엄마 우유", "장난감 줘", "과자 먹어").
- 단어의 끝 억양을 높임으로써 질문의 형태로 말한다.
- 자기 물건에 대해 '내 것'이란 표현을 한다.
- 손으로 가리키거나 동작으로 힌트를 주지 않아도, "식탁 위에 컵을 놓으세요."라고 말하면 아이가 정확하게 행동한다.
- "안에", "위에", "밑에", "뒤에" 중 2가지 이상을 이해한다.

0점으로 제출할 수만은 없다는 생각에 열심히 꿈이의 반응을 유도했다. 그러나 결과는 나아지지 않았다. '그림책에 나온 그림과 같은 실제 사물을 찾는 문항'은 꿈이가 노느라 그림책을 봐줄 생각이 없어 측정이 불가했다. '동물 그림과 동물 소리를 연결하는 문항'은 엄마가 "멍멍" 하면 그저 듣고 휙 하고 가버렸기에 측정할 수 없었다. '지시에 따라 신체 부위 5개 이상 가리키기'는 분명 알고 있는 것 같은데 "눈 어딨지?" 하는 엄마의 물음에 배시시 웃으며 가버렸다. '2개의 물건 중 큰 것과 작은 것을 구분하라는 문항'은 사물을 가져다 "이거랑 이거 둘 중 뭐가 더 커?"라고 물으면 2개를 집어던 저버리고 가버렸다. 대부분의 인지 문항이 '분명 아는 것 같은데 측정은 안 되는 상황'이었다.

언어 문항은 더 심각했다. 이건 '할 줄 아는데 측정이 안 되네.' 수준이 아니라 엄마인 나도 아이에게서 들어본 적도, 할 거라고 생각한 적도 없는 문항이었다. 혹시 밤에 자다가 몰래 말하지 않았다면 꿈이는 태어나서 한 번도 그 말을 해본 적이 없었다. "엄마", "아빠"도 사정해야 하는 꿈이가 그림책 속에 등장하는 사물, 두 단어로 된 문장, 대명사, '내 것'이라는 표현을 할 리가 없었다. 다만 서술어가 '~이해한다, 행동한다' 문항 정도는 어느 정도 '봐주기 채점'을 할 수 있을 것 같았다.

그래도 여전히 낙제점. 낙제점을 받고 싶지는 않은 우리 부부는 영유아검진을 앞두고 이를테면 선행 학습을 시작했다. 앞으로 남은 시간은 보름 남짓! 해내야만 했다. 벼락치기를 통해 기출문제만 풀고 대학에 합격했다는 신화를 영유아검진에서 이뤄내야만 했다.

초조했다. 사실 꿈이에게 문제가 있는 것은 아닐까? 상위 그룹은 아니더라도 평균 점수는 받고 싶은데 아무것도 체크할 것이 없다는 사실이 불안했다. 보름이라는 시간 동안 해내야만 했다. 만점을 받을 순 없더라도 뭐라도 말할 줄 아는 아이를 만들어야 했다.

꿈이는 말 한마디 하지 않고도 의식주를 해결할 수 있는 아이였다. '안 먹는 아이'답게 절대 밥을 찾지 않지만 나는 때가 되면 꿈이를 식탁으로 데려와 밥을 먹였다. 정수기 앞에 앉아 신호를 보내면 목마를 새라 재빨리 물을 주곤 했다. 미처 내가 보지 못할 땐 꿈이가 정수기 밑에 있는 선반 벽을 암벽 타기 하듯이 올라가곤 했다. 이 모습을 뒤늦게 발견하면 나는 아무 말도 없이 빨리 물을 제공했다.

우유가 마시고 싶을 땐 직접 우유가 보관된 선반의 문을 열어 우유를 꺼내고 능숙하게 비닐을 뜯어 빨대를 꽂아 마시고는 빈 우유 팩을 싱크대 안에 던져 넣고 유유히 사라졌다. 까까가 먹고 싶다면 직접 까까통을 꺼내어 비닐을 뜯고 먹은 뒤, 지퍼백을 잠궈 뒀다. 자고 싶을 땐 침대방에 들어가 서성이면 엄마가 다가와 잠을 재워줬고, 일어나 놀고 싶을 땐 꿈이 혼자 개구리처럼 침대에서 폴짝 뛰어내려 장난감을 갖고 놀았다.

아무 말을 하지 않고도 자신의 욕구를 충족시키며 불편함 없이 살아왔기에 꿈이는 별로 입을 열고 싶어하지 않았다. 그렇지만 이제 입을 열어야 했다. 정수기 앞을 서성이는 것이 아니라 "엄마 물 주세요."라는 말을 해야 한다. 나는 검진 전까지 이를 꼭 들어야만 했다.

"꿈이, 여기서 뭐 해요?"

멀뚱멀뚱 바라만 보던 꿈이는 "이유."라고 말했다.

"이유가 뭐지?"

꿈이는 "이유."라고 말하며 '주세요.' 하는 손 모양을 보였다.

"물 줄까요?"

꿈이는 "이유."라는 말과 함께 손 모양까지 했는데 내가 물을 주지 않자 짜증을 내기 시작했다.

"이유!"

꿈이는 소리를 치기 시작했다. 그 모습을 보니 괜히 오기가 생겨

27

따라 하라는 듯 "엄마, 물 주세요."라고 외치며 실랑이를 했다. 그러다 문득 목마르다는 아이에게 이게 무슨 짓인가, 이게 아동 학대와 뭐가 다른가란 생각이 들었다. 일단 '이유'라는 말을 끌어낸 것에 만족하고 물을 줄 수밖에 없었다.

그날 밤, 성공의 가능성을 엿본 기쁨을 남편과 나누며 다음 작전을 세우기 시작했다. 작전은 스스로 뭐든 할 수 있는 꿈이를 불편하게 만들기와 무슨 말이든 시도라도 해야 원하는 것을 해주기였다.

꿈이는 분명히 눈코입을 안다. 틈틈이 해본 '코, 코, 코, 코, 눈!' 놀이를 떠올려보면 100% 성공률은 아니더라도 분명 어느 정도 알고 있었다. 꿈이가 안다는 것을 확실하게 확인할 방법이 무엇이 있을까 골몰히 생각하다 떠올린 방법이 노래였다. 꿈이와 상호 작용할 수 있는 가장 좋은 방법이었다.

평소에 꿈이는 말로 부를 땐 거들떠보지도 않지만, 리듬에 맞춰 "엄마가 사랑하는 꿈이." 하고 부르면 돌아보며 안기고, "사랑해요, 이 한 마디 참 좋은 말." 하는 노래에 맞춰 율동도 하곤 했다.

우리는 자기 전 불러주는 수많은 동요 속에 우리의 목표 언어를 끼워넣는 식으로 노래를 본격적으로 이용하기로 했다.

"눈은 어딨을까, 여~기." 하며 아이의 눈을 가리키는 간단한 활동은 "엄마 눈은 어딨을까."의 가사에 맞춰 아이가 퀴즈의 정답을 맞힐 수 있는 최적의 방법이었다. 꿈이는 노래에 맞춰 꽤 높은 확률로 눈코입을 가리켰다. 비록 아이가 눈코입이라는 단어를 발화해주진 않았지만, 그 단어를 알고 있다는 확신을 할 수 있게 되었다. 미션 클리어!

꿈이 말하게 하기 작전을 시작한 나는 돌 무렵 보는 전집을 들였다. 아이가 두 돌인데 돌잡이 전집을 들이다니 좀 이상한 엄마로 느껴질 수 있다. 하지만 학창 시절을 떠올려보면, 고3 때 수학의 기초가 부족하다고 느낀 내 친구는 성적이 상위권임에도 주저 없이 중3 수학 문제집을 사다 풀었다. 예민한 사춘기 시절에도 3년을 거슬러 공부하는 마당에 1년 뒤진 전집이 대수일까.

싫증이 난 다른 책들에는 큰 흥미를 보이지 않던 꿈이가 요즘 들어 자꾸 말을 시키며 귀찮게 하는 엄마가 읽고 있는 새로운 책에 흥미를 갖기 시작했다.

"시금치 많~이 주세요."

"싫어, 싫어. 시금치 조금 주세요."

이 전집은 대부분 이런 식의 문장 패턴으로 이뤄졌다. '많다', '적다'의 개념도 익히고 '싫다'와 같은 자기표현도 익힐 좋은 기회란 생각에 열심히 읽었다. 목표는 검진표 속 '많고 적음의 양 개념을 안다.' 문항이었다.

꿈이에게 신나게 새 전집을 읽어주던 어느 날, 꿈이는 갑자기 '반짝반짝 작은별' 노래에 맞춰 보란 듯이 목표 달성을 해냈다. 발음은 정확하지 않지만 분명한 의사표현을 한 것이다.

"싫어, 싫어. 안 먹어~."

아니, 이럴 수가! 꿈이가 말을 하다니! '싫다'는 말도 하고 '안 먹는다'라는 말도 하다니! 벅차오르는 감정을 주체할 수 없었다. 그 모습이 너무 귀엽고 사랑스러웠다. 비록 꿈이가 밥을 반도 먹지 않았으나 나는 꿈이를 꼭 안아주었다. "그래, 먹지 마!"라는 말과 함께. 물론 그 벅차오름이 가신 후에는 밥 먹일 때마다 불러대는 "싫어, 싫어 안 먹어~."에 노이로제가 걸릴 지경이었지만….

보름간의 벼락치기. 당연히 성적은 높지 않았지만 안심할 만한 결과는 얻었다.

검진 결과, 꿈이는 또래보다 9개월 정도 늦었다. 보통 1년 정도 차이가 나면 언어치료를 권한다고 했다. 지금은 두 돌밖에 되지 않았으니 조금 더 노력하며 지켜보자고 했다. 그러자 나는 또 자만했다.

"꿈이는 1월생이니까 10월생 정도의 수준인 거네! 어차피 동갑이네, 뭐!"

엄마가 너무 긍정적이면 똑같은 말을 듣고도 이런 결론이 난다. 조금 더 욕심이 많고 냉정했으면 꿈이는 천재가 되진 않았을까?

내가 인터넷 커뮤니티나 육아 서적, 주변의 아기 엄마들이 두 돌 무렵 사는 전집류를 구입하지 않고 돌쟁이 수준의 전집류를 사들인 것은 이에 대한 확신이 있었기 때문이다. 육아에 대한 정답은 그 어디에도 없다. 지구상의 모든 아기는 저마다의 특성을 갖고 살고 있는데, '이 시기에 이 책을 꼭 봐야 한다.'라는 것은 프롤로그에서 언급한 '평균'의 덫에 스스로 빠져드는 것으로 생각했다.

나는 사실 꿈이의 능력을 과대평가했었다. 초점책을 졸업한 이후 '엄마', '아빠'와 같은 단어가 있는 책은 빠르게 지나고 문장이 있는 그림책을 읽혔었는데, 그게 문제였던 것 같다.

아이는 놀고 싶은데 엄마가 구구절절 긴 문장의 책을 꺼내놓고 떠들고 있으니 재미가 없었겠지. 차라리 그때 '엄마', '아빠' 같은 단어들에 계속 노출시켰다면 좋았을 것 같다는 생각을 자주 했다.

덕분에 둘째는 비록 책을 많이 읽어주진 못 하지만 단어에 노출을 많이 시킨다. 무조건 형이 하는 것을 하고 싶어 해서 형이 자동차 장난감을 갖고 있을 때 다가가면 "자동차."라고 외쳐주고, 놀이터에 가겠다고 신발을 들이밀면 "신발, 노란색 신발." 하고 말하고 있다.

두 돌 무렵 돌쟁이 책을 읽던 꿈이는 이 글을 쓰고 있는 지금, 49개월이 되었다. 책에 빠져 사는 정도는 아니지만 창작 동화와 전래 동화, 자연 관찰 책을 열심히 보며 또래들이 읽는 수준의 책을 읽고 있다. 조금 뒤처졌다고 영원히 늦는 것은 아니다. 엄마의 빠른 결단이 아이의 긴 인생을 생각하면 분명 큰 도움이 된다.

덧붙여, 영유아검진 때 작성하는 〈한국 영유아 발달 선별검사(K-DST)〉는 아이의 발달 정도를 줄 세워 평가하는 것이 아니다. 0~6세 영유아의 발달 수준을 측정하여 발달 지연, 건강 문제, 행동 문제 등을 선별하려는 목적으로 우리나라에 맞게 번안 및 수정, 표준화된 검사지이다. 문항 하나하나에 일희일비하면서 만점에 목매기보다는 아기를 위해 내가 할 수 있는 것이 무엇인지를 아는 정도로 참고하는 게 좋다.

다람쥐형 아이를 키운다는 건

꿈이의 발달이 어느 정도인지 알아보기 위해 맘카페를 기웃거리다 보면 결국 꿈이의 더딘 발달에 좌절하고 마음이 상했다. 그럴 때면 남편에게 푸념을 늘어놓곤 했다.

"어떤 아이는 책도 많이 읽고 어떤 아이는 벌써 엄마와 의미 있는 대화를 하기도 하고 어떤 아이는 스티커북에 푹 빠져 있기도 해. 또 어떤 아이는 블록도 잘 쌓고…."

그에 비해 꿈이는 마냥 행복하기만 했다. 쉴 새 없이 웃고 뛰어놀며 혼자만의 즐거움을 찾아냈다. 두 돌 전까지만 해도 손이 야무지고 눈치가 빠른 편이라 머리가 정말 좋은 것 같다는 착각을 했지만, 이쯤 되자 평범도 아닌 '혹시 좀 부족한 게 아닐까?'라는 생각마저 들었다. 그러면 이게 다 제때 적절한 인풋(input)을 제공하지 못한 못난 엄마 탓인가 하는 생각이 들어 우울감을 떨쳐낼 수가 없었다.

이런저런 생각 끝에 꿈이에 대해 '조금 독특하다.'고 말해준 친구에게 연락했다.

"꿈이, 괜찮은 걸까? 혹시 치료를 받아야 하는 건 아닐까?"

"꿈이는 다람쥐형 아이야!"

'다람쥐형 아이'라는 단어가 너무 생소했다.

꿈이를 임신한 후 서점을 지날 때마다 육아서를 사보곤 했는데, 어떤 육아서든 한 번도 완독한 적이 없었다. 아기가 태어나고는 육아서에 소개된 속도와 패턴대로 아기가 자라주지 않아 '화딱지가 나서' 책을 책장 깊은 곳에 처박아둔 상태였다. 인터넷 검색을 통해 '다람쥐형 아이'에 대한 특징을 알고 나니 모순된 감정이 오갔다.

다람쥐형 아이의 특징

- 사람보다는 장난감이나 주위에서 일어나는 일에 관심이 더 많다.
- 새로운 사람을 의식하고 긴장하기는 하지만, 그렇다고 주변 놀이 기구를 탐색하지 못하지는 않는다.
- 놀이 선생님이 하는 놀이 지시에 귀를 잘 기울이려고 하지 않으므로 단체 놀이에서 협조를 기대하기 어렵다.
- 주변을 넓게 살펴보는 순발력과 몸을 빠르게 움직이는 운동성이 좋다.

우리 아이가 말이 늦어요

- 눈과 몸의 움직임으로 주변을 탐색하느라고 바빠서 상대방의 말을 이해하려는 의지가 부족하다.
- 항상 부산하므로 집중력이 없어 보이거나 산만해 보이지만 순간적인 판단력이 빠르고 목표 지향적이다.

▲《김수연의 아기발달 백과》(김수연, 지식너머, 2019) 참고

초등학교 교사라는 직업 특성상 다양한 유형의 아이들을 만나는 나는 이 구절 하나하나를 보며 학생이 된 꿈이의 모습을 떠올릴 수밖에 없었다.

'사람보다는 장난감이나 주위에서 일어나는 일에 관심이 많다.'는 아이가 산만하다는 것을 완곡히 표현한 것만 같았고 '낯선 사람을 의식하고 긴장하기는 하지만 주변 놀이 기구는 계속 탐색한다.'라는 구절은 아이의 사회성에 문제가 있다는 것으로 받아들여졌다. '야단을 맞아도 개의치 않고 그 순간에만 멈춘다.'는 구절은 선생님들이 엄청나게 싫어하는 아이가 될 것만 같았다. 특히 '선생님의 지시에 귀 기울이지 않는다.'라는 구절은 소위 '문제아'가 될 것만 같은 걱정을 불러일으켰다.

나름의 장점인 '순발력과 몸을 빠르게 움직이는 운동성이 좋다.'

는 운동 잘하는 아들을 바랐던 나이기에 좋긴 했지만, 부모 모두 운동 신경이 좋은 편이 아니므로 직업을 삼기에는 부족하다는 냉정한 결론에 이르렀다.

'항상 부산하므로 집중력이 없어 보이거나 산만해 보인다'는 구절, 그리고 '순간적인 판단력이 빠르고 목표 지향적이다'는 구절. 딱 꿈이 이야기였다. 꿈이는 정말 종일 너무 바쁘다. 바쁘고 저돌적이다. 앞만 보고 달려가느라 주변 사람들의 말을 듣고 상호 작용할 시간이 없다. 주어진 시간 동안 열심히 놀고 낮잠을 3시간 이상 자고, 또 깨서 열심히 놀고, 밤잠을 자는, 하루를 정말 알차게 사는 아이다.

이 자료에 따르면 다람쥐형 아이들은 주변을 탐색하느라 상대방의 말을 이해하려는 의지가 부족하여 언어 이해력과 표현력이 지연되는 것처럼 보이고 책을 읽어줘도 잘 듣지 않으므로 자극이 많은 환경에 자주 데리고 나갈 필요가 있다고 했다. 또 부모의 양육 스트레스가 상당하다고도 했다.

뭐랄까, 우리 아이가 '다람쥐형 아이'임을 알면서 갖게 된 안도감은, 꿈이의 이 행동이 아이들의 한 유형일 뿐이며, 지금 내가 느끼는 육아 스트레스는 당연한 것, 내 모성이 부족하거나 인성 문제는 아님을 인정받은 느낌이었다.

그렇다고 마냥 '꿈이는 다람쥐니까.' 하고 두 손 두 발 놓고 있을 문제는 아니었다. 뭐라도 해줘야 한다는 생각이 들었다. 하지만 대책은 전혀 세워지지 않았다. 부족한 언어 자극을 보충해주기 위해 '자극이 많은 환경에 자주 데리고 나가야 할 필요'가 있다고 하나, 나는 운전을 못 했다. 또 당시 우리 집은 현관을 나서면 주차장이 펼쳐져 아기를 키우기에 적합하지 않았다. 주차장을 지나 아이와 함께 놀 수 있는 공간까지 걸어가는 데에만 10분이 걸리는데, 내 배속엔 형님의 상황을 모르는 둘째가 자리 잡고 있었다. 이도 저도 못 하는 처지였다. 이 다람쥐 녀석을 위해 난 어떻게 해야 하는 걸까.

나는 다람쥐형 꿈을 위해 맞춤형 양육을 시작했다. 우선 운전대를 잡지 못했던 나는 용기를 내어 운전을 시작했다. 겁이 많아서 아직도 멀리는 가지 못한다.

또 책 읽기 싫다는 아이를 굳이 책 앞으로 억지로 끌어내지는 않았다. 생각해보면 나도 유년 시절 책을 그리 좋아하는 편은 아니었다. 그렇지만 필요에 따라 책을 집중력 있게 잘 읽는 사람으로 성장했기 때문에 아기에게 미리 스트레스를 주고 싶진 않았다.

둘째가 태어나며 친정 근처로 이사를 했는데 걸어 나가 놀기에도 좋은 환경이어서 아기들과 함께 거의 매일 나가 놀았다. 남편이 쉬는 주말엔 온 가족이 나가 돌아다녔다. 무조건 멀리 좋은 곳으로 갔다기보다는 하다못해 집 앞 마트, 주유소, 세차장이라도 다녀왔다.

꿈이는 다람쥐이지만 사실, 어쩌면 당연히, 엄마와 함께 있는 시간을 가장 좋아했다. 여전히 쉴 새 없이 뛰어놀지만, 엄마가 옆에서 함께하니 더 행복해했고, 어느 순간 나의 목소리 하나하나에 귀 기울이기 시작했다.

내가 다람쥐형 아이에 대해 고민하던 때와 비교하면 49개월 꿈이는 확실히 다르다. 여전히 다람쥐형이긴 하지만 조금 얌전한 다람쥐라고 해야 할까? 어린이집에서의 모습도 걱정과 달리 긍정적이고 친구들과 사이좋게 지내니 사회성이 떨어지는 편도 아니다. 이런 걸 보면 아이의 성장 과정에서 맞닥뜨린 걱정거리 대부분은 자연스럽게 해소되는 것 같다. 그러니 '우리 아기는 다람쥐형이야!'라고 생각하고 '할 수 없지.'라고 포기하지 말자. 곁에서 아이에게 맞춤형 육아를 개발하고 노력하다 보면 숨어 있던 아기의 진짜 기질이 드러날 것이다.

예상 문제 집중 풀이반 개강 및 폐강

꿈이가 내 말을 듣든지 말든지 옆에서 쉴 새 없이 책을 읽어주다 보니 어느 순간 아이가 사실은 열심히 내 말을 듣고 있다는 느낌이 팍팍 왔다. 내가 읽는 책을 사실 다 듣고 있다는 생각이 들자 더 의미 있는 인풋을 제공하고 싶었다.

돌쟁이 책이 조금 성과를 거둔 것 같아 문장 가득한 책으로 갈아 탔다가, 단어 수준의 발화도 안 되는 아이가 문장 가득한 책을 읽는 것이 수준에 맞지 않는다는 생각에 다시 한글 카드를 구입했다. 밤마다 혼자 말도 안 되는 상황극을 연출하며 나는 쉴 새 없이 떠들었다.

"엄마랑 단어 카드 읽을 사람."

내가 이렇게 말하면 꿈이는 그날, 그날의 컨디션에 따라 함께하기도 하고 자기 할 일을 하기도 했다. 그러거나 말거나 나는 구입한 단어 카드 한 세트를 열심히 읽어댔다. 이 역시 꿈이가 듣고 있다는 확신이 든 계기가 있었다. 본체만체하며 자기 일을 하던 꿈이가 유독 차 종류 카드를 읽을 때 눈길을 주는 것 같더니, 어느 날 소방차, 구급차, 자동차와 같이 자기가 관심 있는 카드만 쏙쏙 뽑다가 자기가 좋아하는 붕붕카 트렁크에 넣어둔 것이다.

얼씨구나, 신이 나서 "소방차가 있네. 불을 꺼 주는 자동차야."라든지 "아픈 사람을 병원으로 데려다주는 구급차다!"와 같은 말을 하며 대화를 이어나갔다. 그러자 꿈이가 비록 대답을 하진 않았지만 나름대로 상호 작용이 되는 느낌이 들었다.

남산만큼 부른 배에 잔뜩 힘을 주고 이런저런 단어들을 외쳐대는 사이 둘째가 태어났다. 꿈이 입이 이제 트이기 시작하는 것 같은데, 신생아 육아에 주력해야 한다니…. 맥이 끊기는 느낌이었다. 불현듯 책을 읽어주는 방문 교육을 알아보는 것은 어떨까 하는 생각이 들어 4군데 정도의 업체에 전화를 했다. 대부분 아이의 수준을 알아야 한다며 시범 수업과 상담을 겸했다.

"이게 뭐야?"

코끼리 그림을 손가락으로 가리키며 묻는 낯선 사람에게 꿈이가 "코끼리예요."라고 말해줄 리가 없었다. 사실 이땐 '코끼리'라는 발음도 잘 안 됐다. 30분 정도 진단하는 동안 꿈이는 고작 "멍멍."이나 "꿀꿀." 같은 말만 해보였다.

"매우 심각한 수준이에요. 인지도 떨어지고 어휘 수준도 너무 낮아요. 이런 경우 주 2회 수업을 하셔야 하고 전집은 4종류 정도 권합니다. 가격은 이 정도이고요."

언어능력은 낮지만 인지는 높다는 것이 엄마의 진단이자 자부심이었는데 '인지가 떨어진다.'라는 말은 적잖이 충격이었다. 지금에서야 '적잖이'라고 표현이 되지만 그 당시에는 나의 육아 방식이 꿈이에게 악영향을 준 것은 아닌지 '육아 자존감'에 큰 상처를 받았다. 선배 엄마들에게 문의를 해보기도 하고 동네 엄마들에게 '객관적인 꿈이의 상태'에 관해 묻기도 했다. 또 재활 치료를 전공한 친구에게 자문하며 꿈이가 그 정도로 문제가 있는 것인지 확인해보는 시간을 가졌다.

영업 사원의 충격 요법에 수많은 부모가 지갑을 열었을 테지만 내 지갑은 칭찬에 열리기 때문에 끝까지 계약하지 않았다. 대신 영유아검진 때 그랬듯, 꿈이의 언어 실력 향상을 위한 엄마표 예상 문제 집중 풀이반을 계획하게 되었다.

'꿈이가 필수적으로 익혀야만 하는 단어란 대체 무엇일까?'

나는 언제나 그랬듯 '공인' 자료를 찾아보기 시작했다. 내 기준 '공인'이라 함은 민간 도서 출판 업체에서 영업을 위해 배포된 자료가 아닌, 언어치료를 위해 활용되는 자료였다. 그런데 문제는 나는 언어치료 세계에 맨몸으로 도전한 아마추어 중의 아마추어! 이런 자료를 도대체 어디서 찾아야 할지부터 막막했다. 도서관에서 책도 찾아보고 관련 논문도 좀 읽어보고 관련된 커뮤니티에 가입도 하며 찾아본 결과 일반적으로 언어가 조금 늦은 아이들에게 사용하는 검사가 2가지 정도로 추려졌다. 바로 'PRES'와 'REVT'였다.

조금 더 확실한 결과를 얻기 위해 언어치료 센터를 방문하는 것이 좋겠지만 꿈이는 마음 내킬 때만 착석하는 다람쥐형 아이인지라 센터를 방문하여 검사한다는 것 자체가 상상이 안 되는 일이었다.

그리고 센터에 따라 상황은 다르겠지만 인근 언어치료 센터에서 활용하는 자료들이 외국에서 들여온 것을 우리나라에 맞게 번역한 형태이거나, 시대에 뒤떨어진 느낌이라는 후기에 꿈이가 거부감을 느낄 것이라는 생각이 들었다. 예를 들어 '컴퓨터'를 골라보라는 문항의 그림 카드에 90년대에나 썼을 법한 뚱뚱한 모니터 그림이 등장하거나, 사지선다로 이루어진 그림 중에서 특정 동물을 고르는 문항은 언어가 늦지 않은 아이라도 과연 확실히 선별해낼 수 있을지 의문이 드는 수준이었다. 이왕 엄마의 수고로움으로 아이의 말문을 트이게 할 계획을 세웠으니 예상 문제를 뽑아내어 집중 학습을 시켜보겠다는 원대한 꿈을 세웠다.

결연한 시작과 달리 예상 문제 집중 풀이반은 얼마 안 있어 폐강

됐다. 검사지를 보며 회의감이 느껴졌다고나 해야 할까? 여러 논문과 자료를 통해서 언어치료 센터나 병원에서 일반적으로 활용하는 검사지들을 들여다봤는데 이 검사가 과연 어떤 의미가 있나 하는 생각이 들었다.

꿈이는 다람쥐형 아이다. 즉, 착석이 힘들고 글이나 그림보다는 장난감을 더 좋아하는 매우 활발한 아이라는 뜻이다. 예를 들어 특정 검사지에서는 34~36개월 검사 문항으로 '동시 연결 어미의 이해'를 내세우고 있다. '~하면서 ~ 해요'라는 식의 말을 이해할 수 있는지를 체크하는 것이다. 그림 카드에는 두 가지 유형의 그림이 그려져 있는데, 한쪽은 텔레비전을 보면서 사과를 먹고 있고, 한쪽은 꺼진 텔레비전 앞에서 사과를 먹고 있다. 가뜩이나 언어에 흥미가 없는 아이에게 비슷하게 생긴 두 그림을 보여주며 "텔레비전이 켜져 있는지 여부를 확인하며 그림을 선택해보라." 하면 과연 기꺼이 골라줄지 자신이 없었다.

물론 시도는 해봤다. 처음에는 관심을 보이던 꿈이는 마치 '뭐야, 이게.' 하는 표정을 지으며 나를 떠나갔다. 물론 각각의 평가지를 해석하는 공식이 있어 한두 문항을 틀렸다고 해서 아이의 언어에 심각한 문제가 있다고 평가되지는 않는다. 그렇지만 '테스트를 위한 테스트'라는 생각이 드는 이 평가 문항을 갖고 예상 문제 집중 풀이 반을 진행한다는 것이 무슨 의미가 있는지, 차라리 단계별로 필요로 하는 언어능력을 자연스럽게 습득시키는 것이 옳지 않은가 하는 생각이 들었다. 물론 기관에서는 선생님에 따라 융통성 있게 이 자료를 활용할 수도 있겠지만, 하나의 '힌트'가 주어지는 순간 이 평가지의 신뢰도 또한 낮아지는 것이니 이래저래 꿈이에게 맞지 않는 것 같았다.

아마 꿈이가 공식적인 절차로 기관에서 이 테스트를 했다면 언어는 물론이고 놀이치료, 감각통합치료 등을 권유받았을 것이다. 예전에 책을 판매하러 온 영업 사원 앞에서의 모습처럼 매우 산만한 모습을 보이며 입을 닫았을 테니까.

그런데 세상에는 이런저런 유형의 사람이 있다. 심지어 어른도 모르는 사람 앞에서는 말하기 싫고 부끄러울 수 있다. 하물며 고작 3살 아이에게 대뜸 그림을 들이대며 "4가지 그림 중에서 볼펜을 찾아보세요."라는 식의 말을 한다면, 더구나 아이는 언어에 자신이 없는 상태라면, 과연 흔쾌히 대답을 해줄 수 있을지, 이 또한 어른들의 잘못된 판단이 아닌가 하는 생각이 들었다.

어찌됐든 이 '집중 풀이반' 문제를 훑어보며 간접적으로 평가를 해본 내 소견은, 꿈이는 말을 세세하게 하는 능력(비행기라는 단어에 그칠 것이 아니라 비행기 날개가 어디 있는지, 비행기 날개가 어떻게 생겼는지)과 상황을 설명하는 능력(친구가 왜 넘어졌는지, 왜 아픈지), 특정 물건의 기능(칫솔은 무엇을 할 때 쓰는 물건인지, 칫솔을 어떻게 써야 하는지) 등이 부족했다.

'이 정도라면 굳이 종이를 보며 하나하나 체크할 필요가 있나. 생활 속에서 진행해나가면 되지!'

그날 밤, 나는 당장 아이에게 적용했다. 어떤 아이가 식탁에 앉아 밥을 먹고 있는 그림('누가, 어디에서, 무엇을'에 대한 이해/표현 수준을 확인하는 그림)을 보여줬다. 밥을 먹으며 놀이처럼 체크해보기로 했다.

"꿈이가 밥을 먹고 있어요~."
"꿈이는 밥을 어디에서 먹고 있어요? 식탁에서 먹고 있어요, 의자에 앉아 있어요."
"무엇을 먹고 있어요? 밥, 멸치, 김치, 국, 달걀, 고기."
"누가 먹고 있어요? 예쁘고 귀여운 꿈이가 먹고 있어요."

밥을 먹으며 쉴 새 없이 내가 질문하고 내가 답하며, 같은 말을 떠들었다. 그러다가 놀이를 하듯 문제를 내봤다.

🧑‍🦰 꿈이는 밥을 어디에서 먹고 있어요?

👦 식탁!

🧑‍🦰 무엇을 먹고 있어요?

🙂 고기 얌얌.

🙂 누가 먹고 있어요?

🙂 꿈이!

　명백한 부정행위다. 시험을 보기 전 이미 답을 말해줬으니. 그렇지만 알 게 뭐야. 꿈이에게 중요한 건 몇 개월 수준의 언어를 보이는가에 대한 진단이 아닌 '지금, 이 순간'인 것을. 그리고 이 활동을 하며 밥을 먹느라 꿈이가 밥 먹을 때마다 보곤 하는 영상을 틀지도 않았다는 것에 큰 의미를 부여했다.

예상 문제 풀이반, 이런 식으로 했어요

　나는 이 시기 아이들이 어떤 언어 표현을 할 수 있어야 하는지에 대해 영유아검진 및 'PRES'와 'REVT' 자료를 읽어 봤다. 그리고 많은 책에서 주장하는, '이 시기에는 이런 표현을 해야 한다.'라는 내용 중에서 꿈이에게 부족한 부분을 집중 공략하기로 했다. 처음에는 PRES와 REVT 자료를 이용하여 예상 문제 집중 풀이반을 계획했지만 결국 실질적 도움을 받은 건 《아동언어장애의 진단 및 치료》(김영태, 학지사, 2002)라는 책과 인터넷상에서 쉽게 검색할 수 있는 '○○개월 언어 발달' 자료였다.

우리 꿈이는 이때 30개월이었으므로 인터넷에 '30개월 언어 발달'이라고 검색을 한 것이다.

검색한 내용에 따르면 이 시기 아이는 한 달에 새로운 단어를 100개 이상 배울 정도로 언어능력이 폭발하고, 앞과 뒤 이해, 색깔 이해 등을 한다고 되어 있었다. 그런데 꿈이는 전혀 그렇지 않았다.

그래서 수준을 확 낮춰 21개월로 검색을 했다. 9개월쯤 늦다고 했으므로, 마음의 안정을 찾고 그 수준부터 차근차근 시작했다. 우리 아이가 21개월 이라고 생각하니 마음이 확 놓였다. 나는 꿈이에게 간단한 단어부터 계속 해서 단어 노출을 해줬다. 다만 제 진도를 빨리 따라잡아야 하니 단어 노출과 함께 뒤늦은 진도에 맞는 단어도 노출시켰다. 예를 들어 16~20개월 에 해야 한다는 의성어, 의태어 사용, 신체 부위 습득 및 이해, 싫다는 의사 표현 등부터 차근차근 시작했다. 목표하는 언어 표현 수준을 정해놓고 일상생활 속에서 활용해나간 것이다. 물이나 밥을 줄 때도 혼자 이렇게 자문자답을 했다.

"밥 먹자~, 의자에 앉아."

"얼른 오세요. 의자에 앉아요."

"엄마, 배고파요. 밥 먹고 싶어요."

"아이 배고파. 기다려줘서 고마워."

"잘 먹겠습니다."

"오늘 반찬은 시금치, 고기, 미역국이에요."

"초록색 시금치 먹어볼까?"

"시금치가 조금 길다. 엄마가 가위로 짧게 잘라줄게."

"초록색 시금치가, 아이, 정말 맛있구나!"

이런 식으로 매일매일 혼자 떠들어댔다. 처음에는 '도대체 내가 이게 뭐 하는 건가.' 하는 자괴감도 들고, 이렇게 노력하는 것에 비해 아이는 별 반응이 없었다. 그리고 꿈이는 안 먹는 아이이므로 밥을 먹지 않아서 화가 나는 경우가 너무 많았다. 그럴 땐 화를 내기보다는 내 감정 상태를 그대로 표현했다.

"엄마는 꿈이가 밥을 많이 먹었으면 좋겠어요."

"꿈이가 밥을 조금 먹어서 엄마는 속상해요."

"엄마가 해준 밥이 따뜻했는데 이제 시간이 흘러 차가워졌어요."

"차가운 밥은 맛이 없어요. 꿈이가 빨리 먹었으면 좋았을 텐데."

이런 일상을 예상 문제 집중 풀이반이라고 했던 이유가 무엇일까? 나의 말에는 아이가 해내야 하는 목표 어휘가 항상 숨어 있었던, 의도적 발화였기 때문이다. 나는 꿈이에게 '많다'와 '적다' 같은 양 개념, '길다'와 '짧다' 같은 길이 개념을 끊임없이 노출시키고 싶었고, 24개월 검진 문항에 있었던 '색깔'과 관련된 어휘도 많이 노출시켜주고 싶었다. 그뿐만 아니라 이 시기에는 '즐겁다, 기쁘다, 슬프다'와 같은 자주 쓰는 형용사를 이해할 수 있도록 해야 한다기에 감정 표현도 거침없이 했다.

'예상 문제 풀이반'이라고 해서 문제를 위한 문제를 찾기 위해 노력할 필요는 없다. 생활 속 모든 단어가 모두 이 시기의 예상 문제다. 그런데도 맞춤형 자료가 필요하다면 영유아검진 문진표 정도면 충분하다. 아이의 월령이 지금 24개월이라면 24개월용 문진표를 체크해보고, 부족하다면 23개월용, 22개월용 순으로 한 단계씩 아래로 내려 어느 정도 수준부터 보완을 해주면 좋을지 객관적으로 체크하는 것이다.

우리 아이에게 월령보다 낮은 월령의 문진표를 적용한다고 평생 뒤처지는 것은 아니다. 그러니 지금 내가 아이를 위해 엄마로서 할 수 있는 일이 무엇인지 파악하고 아이에게 맞는 출발점에서 시작하는 게 중요하다. 그리고 지나치게 많이 뒤처진다면 그에 걸맞은 전문가의 도움을 받는 것이 진정으로 아이를 위하는 길일 것이다.

언어치료가 필요할까?

　복직한 학교에 꿈이보다 8개월 앞선 아이를 키우는 동료 교사가 있었다. 내가 보기엔 전혀 문제가 있어 보이지 않는데 아이를 데리고 주 1회 언어치료를 다니고 있다 했다. "엄마 여기 아파." 같은 의사표현도 할 줄 안다고 들었는데 언어치료를 다닌다니 의문스러웠다. 처음 이야기를 들었을 땐 꿈이의 두 돌 검진 전이어서 그냥 의아하다 정도로 듣고 넘겼는데 막상 꿈이에게 언어치료가 필요하다는 생각이 드니 조언을 얻고 싶었다.

　"아이 요즘은 어때? 말 많이 늘었어?"

　"안 할 때보다는 나아. 비싼 문화 센터를 다니는 기분이랄까? 그런데 이게 언어치료를 해서 늘게 된 건지 늘 때가 돼서 늘게 된 건지는 사실 잘 모르겠어. 하지만 느는 게 눈에 보이긴 해."

　비싼 문화 센터라는 말이 딱이다. 센터에서 언어치료를 배우게 되면 한 타임당 4만 원 정도의 비용을 지불한다. 주 1회를 하는 경우도 있지만 보통은 주 2회 정도 진행하며 이 경우 한 달 30만 원 정도의 비용을 지불하는 셈이다. 요즘은 병원에서 진단을 받고 '바우처'를 활용하는 경우도 있다고 했다.

하지만 꿈이의 경우 개인적인 판단이지만, 진단 자체가 나오지 않을 것 같고 소득 기준에 의해 지급되는 바우처도 해당 사항이 없을 것만 같았다. 그리고 가장 중요한 건, 나는 운전 무능력자에 임신 중. 다람쥐와 같은 꿈이를 데리고 남산만 한 배를 부여잡고, 택시를 잡아 타고 언어치료 센터에 간다는 것이 상상만으로도 불가능한 일이었다. 그래서 동생이 생겼다는 사실에 상실감이 클(나만의 착각일지도 모르지만) 꿈이와 상호 작용을 하며 엄마와의 교감과 언어능력을 동시에 길러보겠다며 '셀프 언어치료'를 선택했다.

각종 지식과 정보를 얻기 위해 방문한 도서관에서는 큰 소득을 얻지 못했다. 내가 얻고자 한 것은 가정에서 활용 가능한 '대본'과 같은 내용인데 시중의 책들은 조음 기관의 원리나 언어 발달에 대한 내용이 대부분이었기 때문이다. 가끔 보이는 워크북 또한 꿈이에게는 어울리지 않았다. 꿈이의 수준에 맞는 맞춤형 언어치료가 필요했다. 결국 즐겨 가는 맘카페에서, 그리고 말을 잘하는 아이를 둔 선배엄마들의 육아 방식에서 힌트를 얻기로 했다.

"무조건 말을 많이 해! 함께 보든 안 보든 책을 읽어!"

공통으로 부모가 수다스럽거나 책을 많이 읽었다고 하는데 '한수다' 하는 내가 지난 2년간 쉴 새 없이 떠들어댔지만 꿈이의 말이 늘지 않았다. 이유가 뭘까? 곰곰이 생각해보니 나는 꿈이와 대화가 아닌 어른들과 빠른 말만 하며 지내고 있었다.

꿈이가 혼자 잘 놀면 그 근처에서 남편과 함께 둘만 알아들을 수 있는 속도와 크기로 일상을 나눴고, '책 읽는 부모'의 모습을 보여준답시고 근처에서 조용히 책을 읽기도 했다.

이 사실을 깨닫고 시험 삼아 혹은 재미 삼아 꿈이의 놀이를 해설해봤다.

"꿈이는 자동차를 세워놓고 있구나. 주황색 자동차를 세울 거야. 빨간색 자동차도 세울 거야."

아이 근처를 서성이며 해설을 하면서 놀이 방식을 엄마 주도로 바꿔보기도 했다.

"자동차 그만 세우고 앞으로 보내볼까? 앞으로, 앞으로!"

처음에는 시끄럽게 떠드는 엄마를 귀찮아하던 꿈이는 "아니야." 라든지 "그래." 같은 말을 하며 조금씩 무언가 말을 했다. 그런데 문제는 반복되는 '자동차 진열' 속에서 내가 어떤 말을 어떻게 해줘야 할지 도무지 아이디어가 떠오르지 않는다는 것이었다. 변화를 줘봤자 "위험해! 차가 오고 있어!", "어떻게 해! 구급차를 불러줘!"와 같은 극단적인 상황 연출뿐이었다.

"꿈이야, 우리 자동차 그만 갖고 놀고 책 읽을까?"

"으음, 으음~."

제풀에 지친 나는 꿈이를 재우기 전에 꼭 혼자 소리 내어 동화책을 읽었다. 나도 모르게 수면 교육을 시작한 꼴이 됐다. 혼자 10권 정도 읽는다 치면 꿈이가 5권 정도는 관심을 보였는데 그 정도면 성공이라 생각했다. 그리고 꿈이에게 조금이라도 도움이 되었다는 자기 위안을 얻어 한동안 이 패턴을 계속해서 유지해나갔다.

이 패턴을 통해 어느 순간 꿈이는 '자동차'나 '소방차', '구급차'라는 단어를 자유롭게 말할 수 있게 되었고 엄마가 어떤 말을 했을 때 그 단어가 나오는 책을 집어 오는 정도가 되었다. 옆에서 시끌시끌 읽을 땐 거들떠보지도 않는 것 같았는데 은근히 내용을 듣고 있었다는 생각에 더 신이 나서 책을 읽게 되었다.

체계적인 교육 과정으로 언어를 가르치는 것이 아니라서 우리 꿈이에게 큰 도움이 되지 않을 수도 있지만 '보통의 아이들' 역시 이러한 과정으로 말을 배우고 있기에 내가 잘못하고 있는 것이라는 생각은 절대 들지 않았다. 꿈이도 말이 조금 늦게 트이는 '보통의 아이'일 뿐이니까.

엄마표 언어치료를 하겠다고 다짐하며 남편에게 이런저런 이야기를 했더니 처음에는 긍정적인 대답을 하던 남편이 "일단 그중 하나라도 해봐."라는 대답을 하기 시작했다.

결혼 초기부터, 아니 어릴 때부터 나는 정말 많은 아이디어를 내고 제안하고, 구체화하고, 고민했다. 그러나 결국 실행한 적은 없다. 그냥 내가 그렇게 타고난 것 같다. 육아에서도 쉴 틈만 나면(잠이나 잘 것이지) 이런저런 계획을 세우기 바빴는데 사실 실행한 것은 많지 않았다.

엄마표 언어치료를 하겠다며 머릿속으로 여러 가지 수업 자료도 생각하고 수업 방법도 생각했지만, 그 끝은 '시간도 없고 체력도 없으니 다음에 해야지.'였다. 그 가운데 거창하지 않아서 나 같은 사람도 실천할 수 있었던 활동들만 나열해보면 다음과 같다.

1. 낱말 카드를 무작위로 뽑아 전지에 그림 그리며 놀기

큰 전지를 꺼내놓고 아기와 함께 낱말 카드를 무작위로 뽑아 전지에 그림을 그려주는 활동. 그림을 그리며 놀기 때문에 아이의 참여율이 높다. 꿈이 역시 이 활동을 매우 재미있어 했기 때문에 전지를 대량으로 사두고 지금도 가끔씩 아이와 낙서 놀이를 한다.

이 활동은 자연스럽게 소근육 발달과 언어능력을 키워준다. 다만 꿈이의 경우, 내 미술 실력이 형편없어서 좋아하는 만큼 다양한 그

림은 못 그려줬다. 잘해야 자동차 정도 그릴 수 있는 미술 무능력자 엄마가 공작새 같은 동물은 그려내기가 매우 어려웠다. 그런데도 천사 꿈이님은 내가 개똥같이 그려놓은 그림을 보고 색칠도 하고 따라 그리기도 하며 행복해했다.

2. 일주일 한 번 색다른 경험하기

주로 남편이 있는 주말에 했지만, 어린이집에서 주 1회 빠른 하원을 하여 둘만의 데이트를 하기도 했다. 굳이 멀리 가지 않아도 꿈이는 가족과 함께 무언가 하는 시간 자체를 행복해했다. 카시트에 앉아 잠이 들어 다시 집에 오는 일이 생기더라도 나갔다 왔다는 사실 자체로 기분 좋아했다.

차를 타고 이동할 때 아이가 카시트에 앉아 "버스다."라고 말하면 그냥 지나치지 않고 "초록색 버스가 지나가네.", "초록색 버스가 멈췄네."라고 대꾸하며 문장 말하기를 도와줬다. 또 "초록색 버스다.", "빨간색 버스다." 하며 색깔에 대한 어휘를 제공해주기도 했다.

처음에는 '횡단보도', '신호등' 같은 단어는 꿈이에게 너무 어려운 단어인 것 같아서 언급하지 않았다. 그런데 어느 순간 꿈이가 전혀 알아들을 수는 없지만, 정황상 '신호등'인 것 같은 단어를 스스로 말하기도 하고 '신호등이 없는 길에서 빨간불 안 돼요.'라고 부르는 노래를 멜로디만 알아들을 수 있는 발음으로 부르기도 해서 조금 더 적극적으로 주변의 사물에 대해 이야기하게 되었다.

이 활동의 장점은 아이가 받아들일 수 있는 어휘의 종류가 많고 역동적이라는 것이고, 단점은 옆에서 꿀잠을 자는 신생아가 깨서 아수라장이 될 수 있다는 것이다. 어쨌든 꿈이는 어느 순간부터 신호등에 따라 횡단보도 앞에 대기하는 버스들을 보며 "멈췄어요."라고 말하기도 하고, 초록불이 빨간불로 바뀌는 순간 "빨간불 안 돼요!"라고 외치기도 했다.

3. 놀이터를 시끄럽게 하기

이 활동은 주변 사람들이 싫어할 수도 있지만, 아이에게만 들리는 정도의 대화라면 괜찮지 않을까 싶다. 놀이터는 가장 간단하게 아이의 '나가요' 욕구를 충족시켜줄 수 있는 곳이다. 가까우면서도 안전하고 다양한 체험 시설이 있기 때문이다.

꿈이가 제일 좋아하는 놀이 기구는 그네인데 체격이 작아 혼자는 올라가지 못한다. 말을 하지 않고 몸으로 모든 것을 다 표현하던 아이답게 처음에는 일단 그네 위로 올라가려고 안간힘을 써보였다. 그 모습을 지켜보며 당장 달려가 제대로 앉혀주고 힘차게, 과묵하게 그네를 밀어주던 어제의 나와 이별하고 나는 꿈이를 매우 귀찮게 했다.

"그네 탈 거예요?"

"그네 타고 싶어요?"

"초록색 그네 탈 거예요?"

"초록색 그네가 너무 높아요?"

당장 타고 싶어 안달이 난 꿈이에게 계속 말을 걸며 대답을 유도해봤다. 처음에는 "네." 같은 단답형 대답만 나와도 그네에 올려줬는데 조금씩 욕심을 내어 "무슨 색 그네 탈 거예요?" 또는 "'그네 타고 싶어요.'라고 말해보세요."와 같이 꿈이가 말을 길게 하도록 유도했다. 그리고 성공하면, 혹은 비슷하게 따라 하면 그네를 태워줬다.

놀이터에서 노는 아이들을 둘러보면 대체로 친구들과 깔깔거리고 웃으며 뛰어놀기 바쁘다. 하지만 이미 우리 아이는 뛰어놀기는 영재 수준으로 잘하고 있으니, 1:1 밀착 마크를 하고 말을 거는 것에 집중했다. 착각일 수 있지만 꿈이가 이것을 싫어하지 않은 눈치라 요즘은 더 나아가 그네를 혼자 탈 수 있도록 "다리를 오므렸다가, 폈다가."라고 외치며 실제로 다리도 움직여 엄마가 더는 밀어주지 않아도 되게끔 하고 있다.

만약 겁이 많은 아이라면 놀이터에서 숨바꼭질을 추천한다. 둘째가 걷기 시작하면서부터 더는 꿈이의 그네를 밀어줄 수가 없게 됐다. 두 아이가 놀이터에서 함께할 수 있는 일 중 가장 간단한 것은 '숨바꼭질'이다. 엄마와 아이 중 한 명이 술래가 되어 '꼭꼭 숨어라, 머리카락 보인다.'와 '다 숨었니?', '찾는다.', '찾았다.'와 같은 표현을 외치게 되는데, 처음엔 정확한 발음을 하지 못하던 아이의 발음이 점점 정확해지는 것에서 얻는 행복과 벅차오름은 말로 표현할 수가 없다.

참고로 아이의 숨바꼭질은 어른들의 생각과는 다르다. 아이는 자기 눈이나 머리를 가리면 자기가 숨었다고 생각을 한다. 또 엄마가 코앞에 있는데도 일단 놀이터 한 바퀴를 뛰어다닌 후 "찾았다"를 외친다. 처음에는 이해할 수 없던 그 놀이가 이제는 엄마의 최애 놀이가 되어 놀이터에서 조금 지쳤다 싶으면 숨바꼭질을 시작한다. 그래서인지 우리 둘째는 일찌감치 "여기!"라는 말을 터득했다.

4. 장난감 활용하기

장난감 활용하기는 너무 구체적인 일상이라 여기에 담기 모호하지만 목표 언어를 학습할 때 우리 다람쥐에게 최적이었다. 이것은 언어치료도 놀이치료도 아니지만, 그래도 아이와의 시간도 가지면서 언어치료 취지에 맞는 활동을 하기에 딱 좋았다.

애초에 내가 세웠던 수많은 아이디어 중에는 '장난감을 활용한 엄마표 언어치료!'라는 책 출판이 있었다. 그런데 막상 글을 쓰려니 아이들의 특성이 저마다 다른데 예시 대사를 담기가 쉽지 않았다. 드라마 대본 쓰는 것도 아니고 재미도 없을 것 같고 열정도 부족하고…. 결국 꿈이와 논 일상이나 기록해야겠다는 다짐을 했다. 가장 효과가 좋았기도 하고.

이 활동의 핵심은 목표 어휘 설정과 반복에 있다. 예를 들어 아이가 기차 장난감을 갖고 놀고 있다면 '기차'와 '타다', '내리다' 등의 목표 어휘를 설정하고 옆에서 끊임없이 반복하여 말해주는 방법이다. 조금 더 구체적인 방법은 2장에서 소개할 '장난감으로 언어능력을 키우자!'에 수록되어 있다.

아이 언어 일기 쓰기

'아이의 언어를 내 손으로 해결하겠어!'라고 마음을 먹었다면 일지를 써보는 게 좋다. 이렇게 기록을 해두면 어떤 활동이 효과가 좋았는지도 확인할 수 있고 아이의 언어가 어느 정도 발달하고 있는지 확인할 수 있다.

아이의 언어에 신경을 쓰기 시작하면 이런저런 일로 상처받는 일이 허다하다. 흔들리지 말아야지 하면서도 하루에도 몇 번씩 자신감이 뚝뚝 떨어진다. 내가 보기엔 분명 꿈이의 언어가 늘고 있는데 주변 사람들이, 특히 가까운 가족이 인정해주지 않을 때만큼 기운 빠지는 일이 없다.

"오늘 꿈이가 '왜요?'라는 말을 했어!"

다른 아이들과 비슷한 속도로 말이 늘고 있는 아이였다면 아이의 "왜요?"라는 대답이, 아이의 두 문장, 세 문장 연결된 대답이 전혀 신기할 것이 없다. 아기의 발달 과정에 대해 나누는 대화에서 "우리 아기는 103일 되는 날 뒤집기를 했어!"라고 신체 발달에 관해 대화하는 일은 흔하지만, "꿈이가 ○○개월때 '왜요?'라고 물었어."라는 대화는 흔하지 않다.

말을 잘하지 않는 아이를 키울 때 아이의 말 하나하나가 너무나 특별해 대강의 끄적거림이라도 기록으로 남기곤 했는데 이를 알아주는 이는 없다. 엄마의 자기만족이자 독려 정도다. 그럼에도 아이 언어를 걱정하는 부모는 일지를 쓸 필요가 있다고 생각한다.

내가 꿈이의 언어에 대해 본격적으로 끄적거리기 시작한 것은 31개월 어느 날이었다. 동생이 태어나고 오랜만에 꺼낸 아기 침대와 모빌이 반가웠는지 틈만 나면 아기 침대에 들어가 모빌을 잡아당기던 아이에게 "이건 동생 거야."라는 말을 얼마나 많이 했는지 아이의 '소유 개념'이 갑자기 단단하게 확립됐다. 31개월 어느 날 분명한 발음으로 "동생 거"와 "안 돼요."라는 말을 시작한 아이의 언어에 대해 나는 이렇게 기록했다.

31개월

동생 거/안 돼요/신호등이 있는 길에서 빨간불 안 돼요~

어린이집에서 배워왔는지 집에서 동요를 들려줄 때마다 이 노래가 나오면 귀를 쫑긋 세우며 듣다가 '안 돼요' 부분에서 손동작을 함. 그 모습이 재미있어 자주 틀어주니 '안 돼요' 발음도 분명히 따라 하고 동생 침대에 올라가다가도 "꿈이야." 하면 "동생 거~." 하고 말하거나 "안 돼요." 하며 내려옴.

32개월

기차/차/나무/꽃

경전철이 다니는 동네로 이사를 와 새로운 어린이집 등원. 등하원 때 만나는 경전철을 보며 "칙칙폭폭." 하고 말을 하더니 "기차."라고 말하기 시작. 오가는 길에 만나는 도로의 차들을 보며 손가락으로 가리키며 "차."라고 말함.

새롭게 습득한 어휘가 아닌, 그동안 낱말 카드로 보여줬던 단어들인데 한 번도 내뱉지 않다가 갑자기 폭풍 발화하기 시작함.

33개월

없네/바나나/까짜(사과)/코끼/뺑기(비행기)/토끼/삐약삐약/빵/여러 노래 가사들

갑자기 어휘량이 폭발함. 발음은 좋지 않으나 알아들을 수 있음.

34개월

이거 뭐야/할머니/할아버지/아니/꼬추/노란색/깜깜해/사랑해/같이 놀자

말이 터짐과 동시에 입력시킬 수 있는 단어가 늘어남. 주변 사물에 관심을 갖고 궁금해하기 시작. "이거 뭐야?"라는 말을 자주 하며, 그때마다 즉각 대응해주니 흡수하기 시작.

35개월

노란색/갈색/파란색 등

블록 쌓기를 할 때마다 옆에서 색깔을 이야기했는데 초반에는 들은 체도 안 하던 아이가 갑자기 스스로 색깔을 외치며 블록을 쌓음. 격려하고 기뻐하니 쉴 새 없이 색깔을 갖다 댐.

36개월

문장 발화 시작

사실 아이가 딱 세 돌 무렵에 문장 발화를 했는지 잘 기억이 안 났다. 이 기록이 아니었으면 기억도 못 했을 것 같을 정도로 아이의 문장 발화는 이제 신기한 일이 아니고 아이의 "왜요?"라는 말도 몇 주, 몇 달 후엔 전혀 신기하지 않은 일상이 되었다. 생후 103일에 보여준 뒤집기를 지금 한다고 환호해주지 않는 것처럼.

꿈이의 말문이 어느 정도 터진 후부터는 점점 기록하기에 소홀했다. 꿈이가 걷기 시작한 이후로 언제 두 발 뛰기를 했는지 달리기를 했는지 기억조차 나지 않는 것처럼 말이다. 그렇지만 가끔 꿈이가 너무 놀라운 말을 해낼 때 아무 종이에나 그 문장을 적어두곤 했다. 하루는 꿈이가 종이를 한 장 가져왔다.

"엄마, 편지가 왔어요."

"응? 무슨 편지?"

"책에 붙어 있어요."

어느 날인가 꿈이에게 그림책을 읽어주다 말고 신이 나서 적어놓은 듯한 그 쪽지에는 이렇게 적혀 있었다.

'꿈이, 넌 참 똑똑하구나!'

아마도 꿈이가 '똑똑하다'라는 단어를 처음 쓴 날이었을 게다. 우리 꿈이는 여전히 자기가 뭔가 잘해냈다고 생각할 때마다 "난 참 똑똑해."라고 말하는데 그림책 또는 영상, 혹은 어른들에게서 들었던 말을 마음속에 간직하고 있다가 말하는 것 같았다.

'똑똑'이라는 단어를 말할 때마다 어찌나 강조하는지 스타카토를 붙여놓은 듯이 한 글자씩 말 그대로 똑똑 끊어서 발음하는 모습이 너무나 사랑스럽고 대견했다. 어쨌거나 꿈이 배달부가 갖고 온 편지를 그냥 지나칠 수 없어서 우린 또다시 역할 놀이를 시작했다.

🧑‍🦰 네? 편지가 왔다고요? 우체부님, 편지 갖다주셔서 감사해요.

👦 우체부?

🧑‍🦰 우체부는 편지를 배달해주는 분이야.

👦 오토바이 아저씨?

🧑‍🦰 응, 오토바이 아저씨처럼 우리한테 편지를 갖다주셔. 우체부 아저씨 고맙다고 해야겠다.

👦 응. 아저씨 고맙습니다.

🧑‍🦰 무슨 편지인지 볼까? 어머나! 꿈이야, 여기에 뭐라고 쓰여 있는지 아니?

👦 몰라~

🧑‍🦰 엄마가 읽어 줄게. '꿈이, 넌 참 똑똑하구나.' 어머나, 어떻게 알았지? 꿈이 똑똑한 건 엄마만 아는 줄 알았는데 벌써 다 소문이 났나 봐!

👦 똑똑해?

🧑‍🦰 응. 우리 꿈이가 똑똑하다는 걸 다른 사람들도 알고 편지를 썼나 봐.

👦 맞아, 맞아. 꿈이는 밥을 잘 먹어서 똑똑해.

비록 대화는 산으로 가서 꿈이가 똑똑한 이유가 '밥을 잘 먹었기 때문'으로 귀결됐지만, 예전에 써둔 기록지 한 장으로 다시 한번 힘차게 꿈이와의 수다 한바탕을 펼칠 수 있었다.

아이의 말이 늦어도
엄마는 수다쟁이가 되어주세요

우리 아이 언어능력을 어떻게 향상할지에 대한 계획은 주 양육자가 세우고 결정해야 합니다. 아이의 언어가 느린 양상이 지능과 신체 발달 등의 다른 영역에서는 문제가 없으나 언어 영역에만 지체가 나타나는지, 학습, 사회성 등과 같은 영역에서도 어려움을 겪는 중복 언어 장애인지에 따라 주 양육자가 해야 할 일이 달라집니다.

이는 아이와 가장 많은 시간을 함께 보내는 부모 또는 어린이집 선생님의 시선에서 충분히 판단할 수 있지만 애매하다면 의사나 언어 전문가의 상담을 반드시 받아야 합니다. 전문가 상담 시 보통 아동 발달 정도(초기 발달력, 언어 발달력, 사회성, 교육력)의 정보는 주 양육자 진술을 바탕으로 합니다.

각 월령에 따른 일반적인 발달 양상을 따랐는지가 언어치료 방향 설정에 영향을 줍니다. 이에 따라 기관에 따라서는 전문적인 언어치료를 권하기도 하고 괜찮다고 말하시기도 합니다.

아이의 눈맞춤, 지시 따르기, 이해력 등이 정상으로 판정된다면 보통 30개월 정도까지는 아이 스스로 발화하도록 기다리는 경우가 많습니다.

저 역시 이에 따라 아이의 입만 바라보며 기다렸었습니다. 지금 생각해보면 이 '기다림'이라는 것이 단순한 '기다림'이 아니었다는 것을 엄마표 언어치료를 수행하며 깨달았고, '기다림'이란 이름으로 내버려뒀던 아이에게 미안한 마음이 들었습니다. 지켜보는 시기에도 엄마는 끈기를 갖고 계속해서 쫑알거려야 했는데 아이의 조용한 시간을 지나치게 지지해주었지 않나 싶습니다.

단순히 언어가 늦는 아이 vs 전문적인 치료가 필요한 아이

• 말이 늦은 것뿐만 아니라 의사소통에 적극적이지 않거나 관심이 없다. • 옹알이 단계나 첫 낱말 수준에서부터 자음보다는 모음 위주로 단어를 만들어내는 경우가 많고 옹알이의 패턴이 단순한 편이다. • 놀이의 수준이 또래보다 획일적이고 단순한 편이다. • 표현 언어와 이해 언어 모두 생활연령보다 현저히 낮다. • 오랜 시간동안 언어적인 발전이 거의 없다.	→	이 경우 아기의 언어 발달에 좀 더 전문적인 개입이 필요할 확률이 크기 때문에 병원 및 언어치료 센터 방문이 필요하다.

• 말의 수준은 걱정스럽지만 의사소통하는 것이 자연스럽고 적절하다. • 말은 늦지만 놀이 수준이 또래보다 뒤떨어지지 않는다. • 이해하고 있는 어휘가 또래와 비슷하다. • 시간이 지나면서 언어적인 발전을 보인다.	→	아기에게 지속적이고 반복적인 언어노출이 된다면 정상 발달을 이룰 수 있으므로 가정에서 아기 수준에 맞는 단어와 문장으로부터 점차 언어를 확장시켜주도록 한다.

▲ 《아이의 언어능력》(장재진, 카시오페아, 2017) 참고

Chapter

2

·

장난감으로 언어 능력을 키우자 !

만능 블록 놀이

우리 집에는 모 기저귀 회사에서 포인트로 구매한 블록 장난감이 있었다. 장난감을 여기저기 어지르는 걸 싫어하던 나는 이걸 둘째가 태어날 때까지 전시만 해뒀다. 처음에 배송되자마자 열어보니 달그락거리는 소리가 너무 거슬렸다. 게다가 꿈이가 잘 쌓지 못해 블록이 계속 와르르 무너지고, 이에 짜증이 난 꿈이가 블록을 던지는 모습을 보이자 아직은 때가 아닌가 보다 하는 마음으로 고이고이 넣어뒀다.

둘째가 태어나 '첫째님'이 된 꿈이의 비위 맞추기에 돌입하자마자 꺼낸 장난감이 바로 이 블록이었다. 30개월이 되었으니 이제 잘할 수 있을 것도 같았고 둘째 때문에 마음 상한 우리 첫째님이 하고 싶으시다니 기꺼이 꺼내드렸다.

처음 블록을 꺼냈을 땐 블록이 잘 안 쌓아지는지 화를 내거나 울어서, '혹시 꿈이, 말이 아니라 다른 쪽에 문제가 있는 걸까?' 하는 걱정까지 하게 되었다. 그런데 산후도우미 이모님이 사근사근한 말투로 꿈이를 달래며 차분히 쌓을 수 있도록 유도하자 따라 하는 것이 아닌가. 이 모습에, 그동안 하는 방법을 가르쳐주지는 않고 풀어만 놓은 것을 급히 반성했다.

꿈이는 블록에 재미가 들었는지 어린이집에 다녀오면 항상 블록을 쌓곤 했다. 엄마 아빠가 관여하지 않고 혼자 탐색만 하니 블록 놀이는 높이높이 쌓아 올리고, 균형이 제대로 잡히지 않아 무너지는 모습의 반복이었다. 두 돌 무렵부터 꿈이의 언어에 관심을 가졌으나, 사실 본격적으로 확신에 찬 행동을 보여준 건 블록 놀이를 신나게 하던 이 무렵이었던 것 같다.

33개월이 된 꿈이의 영유아검진을 앞두고 문진표를 찾아봤다. '아이가 색깔을 구분할 수 있는지'에 대한 문항을 보자 또다시 마음이 초조해졌다.

'꿈이가 색깔을 알고 있던가? 알고 있겠지? 근데 말을 안 하는데 색을 안다고 해야 하나, 모른다고 해야 하나…. 어떻게 확인하지? 색연필? 크레파스?'

뜬금없이 눈에 들어온 블록을 보며 색깔 놀이를 해봐야겠다는 생각이 들어 블록을 쌓는 아이 옆에서 입 아프도록 떠들었다.

"빨간색 블록이네~. 노란색 블록이네~."

지금 생각해보면 나는 자동 응답기처럼 한결같은 크기와 톤으로 꿈이가 들어 올리는 블록의 색깔을 외쳤다. 하루, 이틀 떠들어대니 음성 지원이 없으면 아이가 허전해하는 수준이 되었다. 이렇게 음성 지원 로봇이 된 데에는 작은 사건이 있었다.

"오빠, 꿈이랑 블록 놀이 좀 해줘!"

남편은 꿈이를 위해 뭔가 해달라고 하면 자기가 더 심각하게 몰입하는 경향이 있다. 단순히 쌓아 올리며 놀아주면 되는데, 공룡도 만들고 건물도 만들며 애를 썼다. 그렇게 아빠와 아들 모두 매우 신난 가운데 파란색 블록이 대부분 꿈이 쪽에 있는 상황이었다.

"꿈이야, 파란색 블록 아빠 갖다줘. 파란색 블록은 아빠 거야!"

동생이 태어난 후 자연스럽게 '소유 개념'을 알게 된 꿈이는 밑도 끝도 없이 "이건 꿈이 거, 이건 동생 거." 할 때가 있었다. 우리 부부는 급하게 필요한 물건이 있으면 그냥 "엄마 거 얼른 줘요."라고 말하곤 했다. 그래서 남편도 꿈이에게 저렇게 말한 것이다.

그런데 꿈이가 다른 색 블록을 갖다줬다. 그러자 남편은 "아빠 거!"라고 다시 외치며 파란 블록을 가리키니 자기 근처에 있는 파란 블록을 "아빠 거." 하며 갖다줬다. 그다음부터 꿈이는 파란 블록을 갖고 놀 때마다 "아빠 거."라고 외쳤다. 나름대로 말을 한 거니 좋아해야 하는 건지, 색깔 이름을 잘 모르는 것 같아 걱정해야 하는 건지 고민되는 장면이었다.

한동안 파란 블록은 '아빠 거' 블록으로 부르는 꿈이를 위해 나는 색깔 대답 로봇이 된 것이다. 그러자 아이도 색깔에 대한 발화를 시작했다. 물론 발음은 매우 부정확하지만 엄마 귀는 아이에게 특화되어 있기에 충분히 알아들을 수 있었다. 사랑스러운 우리 아이가 색깔을 스스로 말한다는 사실을 동네방네 자랑하고 싶은 수준이었다.

그렇게 색깔을 마스터하고, 기어 다니는 둘째가 자꾸만 블록을 빨아먹었기도 하고, 첫째가 무너뜨린 블록에 둘째가 맞기도 해서 블록은 다시 장난감 수납함 구석에 자리하게 되었다. 그러던 어느 날 언어치료에 대해 열정이 차고 넘치던 나는, '쌓다, 끼우다, 무너지다, 높다, 낮다' 등의 단어를 알려주기에 블록이 너무나 적합하다는 생각이 들어 다시 꺼내 들었다.

블록을 이용하여 놀다 보면 어휘를 늘릴 수 있는 요소가 참 많다. "노란색 블록끼리 모으자."라든지 "빨간색 블록과 초록색 블록을 이어보자."와 같이 엄마가 목표로 삼는 동사를 얼마든지 활용할 수 있다. 또 "블록을 이용해 성을 쌓을 거야."라고 말하며 함께 '성'이라는 명사도 이야기해볼 수 있고 요란스러운 소리에 "시끄러워."라는 형용사까지 넣어줄 수 있다.

이때 주의할 것은 놀이 활동 내내 엄마 입이 쉬지 않아야 한다는 것. 리얼리티 프로그램을 찍는 주인공처럼 쉴 새 없이 혼잣말을 해야 한다.

"엄마는 블록을 높이 쌓을 거야."

"쌓아! 블록을 쌓아!"

"엄마 블록이 꿈이 블록보다 높구나!"

"꿈이 블록은 낮아!"

"엄마 블록은 높아!"

역할 놀이를 해봐요

아이의 월령에 따라 집에 들이는 대형 장난감들이 있는데 엄마 아빠의 취향에 따라 생략하기도 한다. 우리집은 미끄럼틀을 들이는 대신 주방 놀이를 생략했는데, 미끄럼틀은 활동적인 아이가 밖에 나가지 않고도 충분히 에너지를 분출하고 잠자리에 들 수 있는 최적의 장난감이라고 생각했기 때문이다. 그런데 지금 생각해보면 가뜩이나 말을 안 하고 대근육 발달은 빠른 꿈이에게는 미끄럼틀보다는 주방 놀이가 더 낫지 않았을까 하는 생각이 든다.

꿈이가 32개월 정도 되었을 때 우리는 새 아파트로 이사했다. 집을 나서서 놀이터까지 가는 길이 언덕길이라 놀이터는 절대 혼자 갈 수 없었던 예전과 달리 이번 집은 놀이터와 어린이집 등이 있는 지상에 차가 없어 원하면 언제든지 놀이터에 나가 놀 수 있었다. 실내 미끄럼틀이 필요가 없었던 데다가 마침 필요로 하는 친구가 있어 나눔을 하고 이사를 오게 되었다. 그러고는 학구열에 불타는 아이로 만들고자 거실 한쪽에 책장을 두고 전집을 꽂았다. 정리하고 보니 아이가 갖고 놀 만한 장난감이 얼마 없는 것 같아 다시 검색에 돌입했다.

언어치료에 푹 빠져 열심히 연구하고 있던 시기라 어떤 장난감을 들이면 더 도움이 될지 찾아보던 중 '역할 놀이가 언어치료에 도움이 된다.'는 말이 눈에 띄었다. 역할 놀이 장난감을 구입하기로 하자 32개월 발달에는 다소 늦은 감이 있는 주방 놀이를 들일 것인지, 병원 놀이를 들일 것인지 고민하게 됐다. 결국 아직 어린 둘째에게도 좋을 것 같아 주방 놀이를 들였다. 꿈이는 내 생각보다 훨씬 주방 놀이를 좋아했는데, 옆에서 함께 놀아주고 역할을 부여하니 더 좋아하는 것 같았다.

주방 놀이 장난감의 장점은 '칼, 도마, 숟가락, 젓가락, 오븐, 프라이팬, 접시, 그릇'과 같은 주방 식기들의 이름을 쉽게 접할 수 있고 "엄마 오븐에 빵 구워주세요.", "정말 맛있다. 달콤한 딸기잼 발라주세요."와 같은 단어를 쓰며 일상생활 속에서 이뤄질 수 있는 대화를 재미있게 반복할 수 있다는 것이다.

꿈이는 처음에 이 활동을 할 때는 과묵한 요리사가 되어 조용히 과일을 썰고 오븐에 머핀을 굽고 접시에 담아 엄마에게 주고 '쿨' 하게 돌아섰다. 그래도 개의치 않고 그때그때 왕 수다로 받았더니 아이도 짧은 문장은 따라 하기 시작했다. 예를 들어 "자." 하고 주던 것이 "먹어."나 "마셔."로 발전하고, "맛있겠다."나 "정말 맛있다."와 같은 말로 확장되어갔다.

여기서 잠깐 고백하자면 나는 좀 특이한 부분에 집착하는 성격이다. 내가 주방 놀이를 사지 않았던 이유 중 가장 큰 것은 반으로 싹둑 잘린 과일들이 거실에 이리저리 돌아다니는 꼴을 볼 수가 없었기 때문이다. 그래도 아이를 위해 뒤늦게 주방 놀이를 들였으면 감내해야 하는데, 처음 몇 주 동안은 이 구역의 집착 왕이 되어 아이가 과일을 싹둑 자르면 금세 짝을 맞춰서 붙여 한곳에 모아두곤 했다. 그런데 아이의 요리 열정이 커지면서, 그리고 둘째의 행동반경이 넓어지는 것과 반비례하여 엄마의 열정과 체력은 줄어들어 과일들이 비록 짝을 잃었지만 통 속에 들어가 있는 것만도 다행인 상황이 되었다.

이러한 상황 역시 아이와의 언어 놀이에 교묘하게 이용하곤 했는데, "엄마 레몬이 먹고 싶어요. 그런데 레몬이 반쪽밖에 없어요. 어디 있을까요? 찾아주세요."와 같은 말을 하며 아이가 찾아서 집어오게도 하고, "붙여~, 붙여."라는 말을 외치며 뿔뿔이 흩어진 과일들의 짝을 맞춰 붙이는 활동을 하기도 했다.

한참 잘 갖고 놀던 주방 놀이 과일들은 장난감 수납함에서 수면 중이지만 주방 놀이 본체는 아직도 요긴하게 이용되고 있다. 꿈이가 오븐에 푹 빠졌는지 새로운 장난감을 갖고 오면 오븐 안에 숨겨 넣곤 하기 때문이다. 그러면 "꿈이야, 자동차가 오븐 안에 갇혀서 너무 뜨겁대."라든지 "자동차가 오븐 속에 숨었어." 등 오늘 가르쳐주고 싶은 단어들을 활용하여 아이에게 말을 걸곤 한다.

돌이켜 보면 "엄마 해봐."라는 말에 눈길조차 주지 않았던 우리 꿈이에게 필요한 건 생생한 상황 설정이었던 것 같다. 많은 엄마들이 특별할 것 없는 소소한 일상 속에서 아이에게 해줄 이야기가 떠오르지 않아 기나긴 침묵 속에 아이를 키운다. 이때 역할 놀이 장난감을 활용한다면 침묵을 깨는 마르지 않는 대화의 샘을 만날 수 있을 것이다. 그러니 역할 놀이, 그중에서도 주방놀이 장난감은 육아에, 특히 말 느린 아이에게 단연 '필수템'이라 할 수 있다.

물론 주방 놀이가 아니었어도, 병원 놀이나 마트 놀이여도 아이는 흥미를 갖고 활동했을 거다. 하지만 병원이나 마트는 집 안에 있는 것이 아니니 아무래도 대사가 한정적일 것 같다는 생각이 든다. 엄마가 가장 잘 알고 친숙한 아이템을 활용하여 역할 놀이를 해보는 게 맞는 것 같다.

구급차 출동!

한때 꿈이는 집에 있는 모든 바퀴 달린 장난감을 일렬로 세워놓고 지켜보곤 했다. 늘 염려의 마음으로 아이를 보는 부모 입장에서 이런 특이 행동을 볼 때면 혹시 꿈이가 언어 말고 다른 쪽에 문제가 있는 것은 아닐까 하는 생각이 든다. 꿈이는 하루에도 몇 번씩 오랜 시간 동안 차를 늘여놓기만 했었다. 시간 가는 줄 모르고 노니 엄마가 편한 놀이이긴 하지만 그대로 두는 건 좋지 않은 것 같아서 꿈이가 나를 놀이 속에 초대하지 않아도 옆에 다가가 꿈이에게 계속 말을 걸었다. 못 들은 체하던 꿈이도 점점 내가 하는 말에 맞는 적절한 반응을 보여줬다.

꿈이가 일렬로 세워놓은 차들은 경우에 따라 넘어지기도 하고 서로 부딪히기도 했는데, 그때마다 나는 "사고가 났어요! 경찰차 출동! 구급차 출동!"하고 외쳐댔다. 엄마의 호들갑스러운 반응에 맞춰 꿈이는 구급차와 경찰차를 갖고 오고 "삐용 삐용." 소리를 내거나 구급차와 경찰차가 나오는 노래를 부르기도 했다. 그런데 어느 순간부터 자동차 놀이가 꼭 사고 나고 구급차가 오는 극적인 상황만 연출된다는 생각이 들어 이 놀이의 주도권을 제대로 잡고 활용해야겠다는 결심을 했다.

이 놀이의 패턴 속에서 익힐 수 있는 단어도 따지고 보면 수없이 많다. 넘어진 자동차를 보며 "넘어졌어."라는 말을 반복할 수 있고, 출동한 구급차에게 "고맙습니다."라고 말할 수도 있다. 차가 서로 "부딪혔어.", "조심해.", "바퀴가 데굴데굴 굴러가네."와 같은 말도 할 수 있고 나아가 "빨간 자동차가 가장 앞에 있네."라는 말도 할 수 있다. "택시야, 너는 어디 가니?", "나는 지금 주유소에 가." 식의 역할 놀이도 할 수 있다.

무기력한 표정으로, 그러나 굉장히 재미있게 모든 차를 세워놓던 꿈이는 엄마가 쫑알쫑알 떠들어대니 장단을 맞춰주기 시작했다. 자동차를 이용해서 놀 때마다 꿈이가 발화를 하든지 말든지 옆에서 계속 떠들어대다가 몇 주 후에는 함께 대화를 청하기도 했다. 그러자 꿈이는 놀다가 스스로 발화하기도 하고 놀이를 이끌기도 했다. 이때 주의할 점은 아이의 발음이 명확하지 않을 땐 한 번 더 되물어 주거나 안 들린다고 말해야 한다는 것과 가끔 구급차를 출동시키며

극적인 상황도 연출시켜줘야 한다는 것이다.

여담이지만, 자동차 놀이에 푹 빠졌고, 특히 구급차와 소방차에 푹 빠진 꿈이는 길을 가면서도 혼자 극적인 상황에 빠져 "조심해." 나 "위험해!"라는 말을 외쳤다. 우연히 구급차, 소방차, 경찰차를 만나면 눈을 못 떼기도 했다.

그 시기(34개월 무렵이었던 것 같다)에 꿈이가 어린이집에 간 사이에 둘째가 갑자기 숨을 못 쉬어서 119를 부른 일이 있었다. 구급대원이 출동하고 둘째가 안정을 찾으니, '아, 우리 꿈이가 있었으면 구급대도 가까이서 보고 참 좋았을 텐데.'라는 철없는 생각이 밀려왔다.

꿈이는 아직도 엄마가 구급대원과 대화해봤다는 사실을 모르겠지? 꿈이가 얼른 수다쟁이가 되어 경찰관, 소방관 등과 대화할 수 있는 날이 왔으면 좋겠다. 물론 사고가 나서가 아닌, "고맙습니다." 라고 인사하는 일상 속에서!

자동차를 활용하여 언어를 확장하는 방법

• 아이가 차를 일렬로 세워뒀을 때

차들이 세워져 있네. 몇 대가 세워져 있지?

함께 세어볼까? 하나, 둘, 셋….

무슨 색깔 차가 세워져 있지? 빨간색 차가 몇 번째에 세워져 있지?

차들이 왜 세워져 있지? 빨간불인가?

신호등은 무슨 색에 건너야 하는 거지?

차들이 멈췄네. 왜 멈췄지? 빨간불인가?

사고가 났나? 견인차가 와야겠네.

• 중장비차 등 큰 차가 있는 경우

시멘트차다! 아저씨, 어디 가세요?

도로가 망가졌나 봐요. 이쪽 도로가 울퉁불퉁해요.

아저씨, 감사합니다.

이사 트럭이네! 오늘 이사하는 집이 있나 봐요.

어느 집이에요? 아, 이 집이 이사 가는구나. 이삿짐이 매우 많아요.

무겁겠어요. 영차, 영차, 힘을 내요! 우와, 이사 트럭은 힘이 세구나.

• 기차가 있는 경우

기찻길을 이어보자.

기차가 사람들을 태우고 있어.

기차가 멈췄어. 왜 멈췄지? 사람들을 태우고 있구나. 조심조심 타세요.

한글가방 이용하기

우리 집은(자동차가 집을 장악하기 전에는) 다른 집과 비교하여 장난감이 별로 없는 편이었다. 꿈이가 어릴 때 가장 먼저 산 장난감 상자 뒷면에(어떤 장난감이었는지는 기억도 안 나지만) '가장 좋은 장난감은 바로 엄마입니다.'라는 문구가 있었다. 육아에 대한 열정이 차고 넘치던 나는 무릎을 치며 '그래, 그렇지!'라며 장난감 사는 것에 매우 신중한 엄마가 되었다. 어떤 장난감이 사고 싶을 때 바로 사는 것이 아니라 자꾸만 신중해지는데, 그렇게 신중에 신중을 더하다 보면 이미 그 장난감을 쓰는 시기는 지나고 말아 굵직한 몇 개의 장난감과 자동차들 빼고는 갖고 놀 만한 게 별로 없다.

어느 날 동네 서점에 갔다가 우연히 한글가방을 구입했는데 그냥 보자마자 묻지도 따지지도 않은 채 결제하고 꿈이에게 줬다. 처음에는 시큰둥한 것 같아 괜히 샀나 싶었는데 버튼들을 몇 번 눌러보더니 재미있는지 매일매일 갖고 노는 장난감이 되었다.

한글가방에는 이런저런 단어들이 입력되어 있었다. 출판사별로 다양한 모델의 한글가방이 있는데, 이 한글가방은 '가나다라' 글자로 시작하는 단어들이 버튼 속에 적혀 있고 그냥 읽어주는 버전과 들리는 소리에 맞는 버튼을 누르는 버전이 있었다. 처음에는 다 눌러보고 단어들을 듣는가 싶더니 며칠이 지나자 퀴즈 모드만 사용하기 시작했다.

"잘 듣고 낱말을 찾아보세요."라는 음성 뒤에 "다람쥐를 찾아보세요."라는 음성이 나오면 다람쥐를 찾아야 하는데 만약 아이가 한 번에 맞히지 못하면 "한 번 더 찾아보세요."라는 음성이 나온다. 그리고 5개 정도의 버튼이 깜빡거리며 '우리 중에 있다.'라는 듯한 힌트를 준다. 문제에 대한 정답이 맞으면 "최고예요."라든지 "참 잘했어요."라고 말하며 칭찬도 마다하지 않는다.

처음에는 사실 아이가 너무 아무 버튼이나 누르는 것 같아 '재미가 없나?' 했는데, 어느 날부터 정답을 맞히는 빈도가 늘고 영어 버전과 중국어 버전도 맞히고 있는 것 같은 느낌이 들었다. 이 시기가 아이 두 돌 전후였다. 여전히 음성으로는 번듯한 말 한마디 하지 못하는데 중국어와 영어 버전 단어를 맞히는 듯한 모습을 보여 '이게 바로 그 언어 습득 장치라는 건가, 조기 언어 교육의 필요성인가?'

하는 생각을 하다가도 '왜 말은 안 하고 이런 것만 하는 거지?' 하는 걱정도 참 많았다.

나는 사운드북 등에서 나오는 음성을 아이에게 노출시키는 것에 괜한 거부감이 있었던 엄마다. 그래서 그러한 장난감을 많이 사지 않았었는데 '찬밥, 더운밥' 가리지 않고 아무 음성이든 무한 제공을 해야 한다는 생각이 들기 시작하며 한글가방을 적극적으로 활용하게 된 것이다. 꿈이의 부족한 표현 어휘는 한글가방 덕분에 잘 채워졌으며 그 한결같이 다정한 말투가 임신 중인 엄마를 대신하여 꿈이에게 무한 칭찬을 해줬다. 또 '참 잘했어요. 최고예요.'와 같은 칭찬을 아끼지 않는 그 한글가방 덕분에 나 역시 꿈이에게 긍정적인 피드백을 아낌없이 제공하는 계기가 되었다.

꿈이가 한글가방의 퀴즈를 다 섭렵했다는 생각이 들 무렵 꿈이도 흥미가 떨어졌는지 찾지 않는 것 같아서 한글가방은 다른 아이에게 물려줬다. 그런데 요즘 들어 가끔 "○○를 찾아보세요. 한 번 더 찾아보세요."라는 혼잣말을 한다. 역시 '1년이든 2년이든 언젠가는 나타나게 될 말들이니 꾸준히 노출해주고 입력해줘야 하는구나.' 하는 생각이 들었다.

몸도 마음도 여유가 없던, 그래서 침묵을 지키던 그 시절의 나를 대신해 꾸준히 음성을 들려준 한글가방에게 새삼 고맙다. 말 없는 부모와 말 없는 아이들에게 한글가방이 '효자템'이라는 생각이 든다.

한글가방과 비슷한 맥락으로 세이펜(책에 펜을 갖다 대면 책을 읽어주는 펜)과 같은 도구도 추천한다. 특히 꿈이의 세이펜은 엄마의 애정을 필요로 할 때 엄마와의 연결 고리 역할을 톡톡히 했다. 임신한 내가 꿈이와 잘 놀아주지 못할 때 세이펜 녹음 기능으로 '사랑해' 노래를 불러주기도 하고 무전기 놀이하듯 계속해서 무엇인가 말하고 녹음하기를 반복하여 아이의 흥미를 끌었다.

또 꿈이는 특이하게 엘리베이터의 도움도 받았다. 처음엔 꿈이가 혼자 앉아서 구시렁거려서 무언가 문제가 있는 건가 한 적도 있었는데 귀 기울여 들어보니 엘리베이터를 따라 하고 있었다.

"무이다치타, 이츠, 치소."

꿈이가 혼자 뒤돌아서서 같은 말을 반복하는데 처음에는 무슨 말인지 알아들을 수 없었다. 그래서 처음에는 마냥 걱정했는데 어느 순간 그게 엘리베이터 흉내라는 걸 깨달았다. 깨알 같이 '시이이' 하며 문이 열고 닫히는 소리도 흉내 냈다. 그 상황을 캐치한 내가 알아듣기 시작하면서 함께 발화해주니 발음도 교정이 되고, 실제 엘리베이터를 탈 때 함께 숫자도 읽어주니 발화 의욕이 더 높아졌다.

엘리베이터 덕분에 꿈이는 두 자리 수까지 자연스럽게 읽을 수 있게 되었다. 한동안 모든 숫자에 '층'을 붙여버리는 부작용도 있었지만 이럴 때는 틀린 것을 지적하기보다는 가만히 교정해주고 숫자가 들어간 다른 사물들에 많이 노출하니 이제 그런 문제는 보이지 않는다.

아이가 혼잣말을 하며 노는 것 또한 당연한 일이다. 아이는 혼잣말을 통해 또 다른 세계를 만들기도 하고 창의성을 발현하기도 한다. 걱정할 일은 아니라는 것이다. 오히려 혼잣말을 통해 아이가 언어적으로 어떤 오류를 반복하고 있는지를 알 수 있어 긍정적으로 볼 수도 있다. 그 오류를 잘 기억하고 있다가 생활 속에서 자연스럽게 교정해주는 것이 부모의 몫이다.

엄마표
언어 자극 놀이

집 안에 아무리 많은 장난감이 있어도 아기가 제대로 활용하지 않는다면 소용이 없겠죠? 아기들이 장난감을 갖고 놀 때 곁에서 함께 놀며 제시할 수 있는 언어 자극을 소개합니다.

주차 타워 장난감

• **목표 어휘**

명사: 자동차, 버스, 엘리베이터, 주차장, 빨강, 노랑 등 색깔 어휘

동사: 돌다, 주차하다, 멈추다, 올라가다, 내려가다, 태우다

형용사: 빠르다, 느리다, 좁다, 넓다, 길다, 짧다

"자동차가 뱅글뱅글 돌아가네."

"차가 빠르게 내려간다."

"천천히 올라가, 조심해야지."

"작은 자동차를 넣어보자. 여기는 길이 좁아서 큰 자동차는 갈 수 없어."

"자동차를 엘리베이터에 태워보자."

"버스는 1층에 주차하세요."

"큰 자동차는 1층에 주차하세요."

주방 놀이 장난감

• 목표 어휘

명사: 과일, 음식 이름, 조리 기구 이름, 색깔 어휘

동사: 굽다, 데우다, 불을 켜다, 불을 끄다, 꺼내다, 넣다, 씻다, 담다, 냄새가 나다

형용사: 뜨겁다, 차갑다, 달다, 쓰다, 시다, 맛있다

"맛있는 냄새가 나요."

"꿈이가 프라이팬에 고기를 굽고 있군요."

"요리가 끝난 후에는 불을 꺼주세요."

"접시에 담아주세요."

"전자레인지에 빵을 데워주세요."

"뜨거워요. 호 불어주세요."

"냉장고에서 과일을 꺼내주세요."

"포도는 시지만 맛있어요."

"아이스크림이 차가워요."

"설거지해요. 그릇을 깨끗하게 씻어보세요."

동전 자판기 장난감

• **목표 어휘**

명사: 음료수, 동전, 덮개, 자판기

동사: 넣다, 꺼내다, 뽑다, 빼다, 마시다, 열다, 누르다

형용사: 차갑다, 따뜻하다, 맛있다, 시원하다

"음료수를 뽑아주세요."

"동전을 넣어야 해요."

"동전을 넣고 버튼을 눌러주세요."

"덮개를 열고 음료수를 꺼내주세요."

"아이 시원해. 너도 마실래?"

"어, 왜 음료수가 안 나오지?"

"다 마신 음료수 캔은 분리수거해요."

길 놀이 장난감

• **목표 어휘**

명사: 길, 신호등, 도로, 병원(건물 이름), 중장비차 이름, 공사장 등

동사: 막다, 타다, 내리다, 갈아타다, 멈추다, 서다, 가다, 오다, 걷다 등

형용사: 가깝다, 멀다, 가볍다, 무겁다, 강하다, 세다, 약하다, 크다, 작다

"덤프트럭이 무거운 짐을 싣고 가요."

"버스가 멈췄어요. 사람들이 내려요."

"저 사람은 뒤에 있는 버스로 갈아타고 있어요."

"택시를 잡고 있어요. 택시를 타고 멀리 갈 거예요."

"차들이 멈췄어요. 왜 멈췄지요?"

"길이 막혀서요."

"신호등이 빨간불이라서요."

병원 놀이 장난감

• 목표 어휘

명사: 눈, 코, 입, 배, 약, 주사, 청진기, 체온계, 열

동사: 앉다, 서다, 재다

형용사: 차갑다, 따갑다, 아프다, 깨끗하다, 뜨겁다

"배가 아파서 왔어요."

"의자에 앉아보세요."

"열이 나서 왔어요. 온몸이 뜨거워요."

"청진기로 숨소리를 들어볼게요. 차갑습니다."

"체온을 재볼까요?"

"주사를 맞아야 해요."

"3일치 일단 약을 먹어볼게요."

유치원 놀이 장난감

- **목표 어휘**

  명사: 미끄럼틀, 그네, 유치원, 책장, 책상, 의자 등
  동사: 내려오다, 올라가다, 가다, 오다, 앉다, 기다리다, 타다
  형용사: 재미있다, 즐겁다, 깨끗하다, 무섭다

  "○○이 미끄럼틀에서 내려와요."

  "미끄럼틀 재미있니?"

  "○○이 그네를 타고 싶어 해요."

  "그네가 오르락내리락하고 있어요."

  "○○이 유치원에 갔어요."

  "○○이 책을 고르고 있어요."

  "○○아, 그네 다 탔니?"

  "아니, 10번만 더 탈게."

  "잠깐 기다려."

  "○○아, 넘어졌어? 괜찮니? 반창고 붙여줄게."

슈퍼마켓 계산대 놀이

- **목표 어휘**

  명사: 돈, 거스름돈, 카드, 바코드, 과자, 카트, 과일, 영수증
  동사: 사다, 오다, 담다, 조심하다, 부딪히다

형용사: 맛있다, 신선하다, 많다

"맛있는 과자를 살 거예요."

"카트에 신선한 과일을 담아요."

"물건을 많이 담았어요."

"카트에 부딪히지 않게 조심해요."

"얼마예요?"

"거스름돈 여기 있어요."

"카드로 구입할게요."

"바코드를 찍어볼게요. 기다리세요."

"감사합니다. 다음에 또 오세요."

스쿨버스 장난감

• 목표 어휘

명사: 버스, 친구, 선생님, 노랑, 차례
동사: 출발하다, 도착하다, 내리다, 타다, 조심하다
형용사: 조용하다, 반갑다

"출발합니다."

"친구야, 반가워."

"선생님 안녕하세요."

"안전벨트 하고 바르게 앉아요."

"아직 일어서면 안 돼요. 조용히 얘기해요."

"잠깐 기다리세요. 아직 ○○가 타지 못했어요."

"기사님, 얼마나 남았어요?"

"도착했어요."

"차례로 내리세요."

풀하우스 장난감

• **목표 어휘**

명사: 부엌, 안방, 거실, 작은방, 소파, 화장대

동사: 마시다, 앉다, 쉬다, 눕다, 자다, 끄다

형용사: 편하다, 피곤하다

"엄마 어디 있어요?"

"거실에서 차 마시고 있어요."

"부엌에서 요리하고 있어요."

"화장대에서 화장을 하고 있어요."

"소파에 편하게 앉아 계세요."

"아이 피곤해, 침대에 누워서 자고 있어요."

"모두 다 자는 시간이에요. 불을 꺼주세요."

아이스크림 만들기 장난감

• **목표 어휘**

  명사: 아이스크림, 딸기 맛, 초코 맛, 분홍, 하양

  동사: 먹다, 주다, 녹다

  형용사: 많다, 적다, 차갑다, 맛있다, 시리다

  "아이스크림 먹고 싶어요?"

  "아이스크림 많이 주세요."

  "무슨 맛 아이스크림을 드릴까요?"

  "녹지 않게 빨리 드세요."

  "너무 차가워서 이가 시려요."

Chapter

3

·

책과 함께 자라나는 어휘력

추피가 머머져떠여

동생이 태어난 후 우리 가족은 한동안 안방에서 함께 모여 잤는데 서로를 위해 잠자리 분리를 시도했다. 잠귀가 예민한 한 여자와 두 아기, 그리고 잠귀가 어두운 한 남자. 잠귀가 어두운 한 남자가 코를 골면 잠귀 밝은 가장 어린 남자가 잠이 깨서 울고 겨우 수습하고 나면 잠귀 밝은 두 번째 어린 남자가 깨서 돌아다닌다. 그쯤 되면 잠귀 어두운 남자가 잠깐 깨어나고 상황이 수습될 무렵 다시 잠귀 밝은 가장 어린 남자가 분유를 찾으며 운다.

아예 깨지 않았더라도 약 6개월간 온 가족이 선잠을 잤다. 두 아이가 모두 어려서 혼자 재우는 것은 무리라는 생각에 모두가 함께 잤는데, 이제 둘째도 아기 침대를 졸업할 날이 왔고 그렇다면 어차피 침대를 하나 더 사야 할 것 같아 첫째가 쓰던 저상형 침대를 둘째에게 주고 첫째 방에 침대를 새로 마련해줬다.

3년간 엄마 아빠 코 고는 소리를 들으며 함께 잤는데 한순간에 혼자 자게 된 꿈이의 모습이 짠했다. 자기 전에 책을 읽어주고자 조명이 달린 침대를 구입하고 꿈이가 좋아하는 동물 모양의 침구를 깔아줬다. 그런데 결정적으로 꿈이가 책을 좋아하지 않으니 어쩔까 고민하다가 꿈이 수준에 맞게, 조금 쉬운 '똘망똘망'과 '곰곰이'정도의 전집만 들였다. 그런데 이게 너무 쉬웠는지 몇 번 읽고 나니 시들해졌다. 또다시 시작된 고민과 검색. 전집들의 향연 속에 아이들이 '추피' 시리즈를 너무 좋아해서 끊기 어려웠다는 일화를 발견하고 당장 주문했다. 그리고 새 침대에서의 첫날 밤에 둘이 함께 누워 읽어봤다.

추피 책의 매력은 꿈이가 생활 속에서 경험할 만한 소소한 사건들이 사실적이고 구체적으로 담겨 있다는 것과 그림이 많아 이야깃거리가 많이 생긴다는 것이다. 이 책은 표지를 넘기고 나면 2페이지에 걸쳐 추피 시리즈에 나오는 내용을 대표하는 그림들이 그려져 있다. 처음 읽을 때 하나하나 손가락으로 짚어가며 이야기한 후 책을 읽어줬더니 그 부분을 그냥 지나치는 날은 아이가 다시 그 페이지를 펼쳤다. 그리고 뭐라고 웅얼웅얼거린다 싶더니 이제 제법 유창하게 엄마에게 설명하기도 했다.

꿈이가 설명하는 그림 중에는 추피가 스키를 타는 장면, 추피가 넘어진 장면, 우는 장면 등 다양한 모습이 있다. 처음에는 꿈이가 "머머져떠여."라고 말을 하여 쉽게 알아들을 수가 없었다. 그림들을 빠르게 스캔하여 꿈이가 언급한 그림이 추피가 넘어진 장면인 것을 알고 "추피가 넘어졌어요. 빠르게 달려가다가 쿵 하고 넘어졌어요."라고 말해주니 꿈이가 너무 좋아했다.

추피 책을 들고 이 활동을 한 지 4개월 정도 흐르니 아이는 "추피 많이 읽어."라는 말로 자고 싶다는 의사 표현을 하며 몇십 권이나 되는 책을 낑낑거리며 침대 위에 올려놨다. 그리고 엄마를 기다리기도 하고 엄마가 피곤해서 그만 읽으려고 하면 그림을 보며 쫑알쫑알 열심히 책을 읽는 척을 하기도 했다.

가끔씩 추피 책을 침대방 밖으로 꺼내 와 벌써 몇 권은 동생에게 희생되고 말았지만 추피 책은 꿈이의 어휘 향상에 결정적인 역할을 했다. 추피가 넘어진 사건을 생활 속에서도 적용해 하루에도 몇 번씩 "꿈이가 머머졌어요."라고 말하더니 이제는 발음도 제법 잘했다. 추피가 반창고를 붙이거나 약을 바라는 것을 몇 번 보더니 자꾸만 자기가 다쳤다며 약을 발라달라고 하기도 했다. 추피 시리즈에서 나온 피에로가 인상적이었는지 피에로 그림을 발견하면 "추피가 피에로 분장을 해요."라고 말했다. 추피와 필루, 랄루의 투닥이는 일상을 보며 어린이집 친구들 이름을 대입해보기도 했다.

이 무렵 꿈이는 날마다 읽는 추피 이야기를 통해 분명히 "넘어졌다.", "약을 바른다.", "반창고를 붙인다."라는 표현을 알고 있었다. 이해 언어의 수준을 넘어서 그림을 보고 직접 표현도 할 수 있는데 아이의 언어가 얼마나 늘었나 싶어 언어 검사 세트 하나를 펼쳐 질문을 하니 모르쇠로 일관했다. 마치 '아프다'라는 개념이 뭔지 모르는 아이처럼, '약을 바르다'라는 표현을 처음 들어본 아이처럼 멍하게 그림들을 바라보는 모습에 얼마나 속이 터지던지.

그러나 며칠 후 아빠와 함께 산책을 나갔는데 꿈이는 자기가 알고 있다는 사실을 너무 쉽게 들켜버렸다. 신나서 뛰어다니다 넘어져서 무릎이 까진 꿈이는 하필 반바지를 입어 꽤 아팠는지 뒤돌아서서 나에게 달려오며 갑자기 방언 터지듯 말을 하기 시작했다.

"우당탕탕. 넘어졌어. 약 발라."

추피가 넘어지는 이야기에서 '우당탕탕' 하는 내용이 인상 깊었는지 갑자기 '우당탕탕'이라는 표현까지 써가며 본인의 아픔을 설명하는 모습이 정말 귀여웠다.

이때다 싶어 "넘어져서 다치면 어떻게 해요?"라는 질문도, "다치면 뭘 발라요?"라는 질문도, "왜 넘어졌어요?", "뛰면 안 돼요."라는 잔소리도 폭풍처럼 쏟아냈다. 본인이 직접 닥치니 마음속에 있던 언어들을 툭툭 내뱉는다는 사실이 괘씸하기까지 했지만 한편으로는 꿈이가 더 발전할 수 있다는 믿음이 생겨 다행이라는 마음이 앞섰다.

우리 아이가 말이 늦어요

아이에게 약을 발라주면서 "발라! 발라! 약을 발라!" 하고 외치며 따라 하게도 하고 "조심조심 걸어요. 넘어지지 않게!" 하며 주문을 외우듯 말했다. 그래서일까? 아이는 그 후로도 "약을 바르다."와 "조심조심 걸어요."와 같은 말은 이제 시키지 않아도 술술 말하는 상태가 됐다.

엄마의 욕심은 끝이 없어서 이 시기 나는 추피를 통해 '원인과 해결'과 관련된 언어를 끌어내고 싶었다. 40개월이었던 꿈이는 또래에 비해 "왜요?"라는 질문을 더디게 하는 편이었다. 그런데 언어 폭발을 위해서는 '왜요?'라는 질문이 많이 나와야 한다고 하기에 의도적으로 귀찮게 하곤 했다.

추피 그림을 보면서 "추피가 넘어졌네. 왜 넘어졌지?" 하고, "추피가 엉엉엉 울어. 왜 울지?"와 같은 질문을 했는데 적절한 답을 해주진 않았다. 다만 엄마 혼자 북 치고 장구 치고 자문자답한 덕분인지 어느 날 낑낑대며 택배 상자를 뜯는 엄마의 뒤에서 꿈이는 외쳤다.

"왜, 잘 안 돼?"

이 시기 아기들은 일상생활과 관련된 책을 골라 읽어주는 것이 좋다. 지금까지 따뜻한 단어가 들어 있는 짧은 그림 동화를 읽어왔던 꿈이가 자신을 둘러싼 환경과 관련된 이야기를 통해 공감대를 형성하고 책에 더 큰 흥미를 갖게 됐다.

나는 함께 이야기를 읽어주며 주말에 이런 활동을 해야겠다 하는 계획도 세워봤고 배변 훈련, 친구와의 관계, 수면 교육 등에서도 이야기 속 주인공을 예를 들어 아기와 소통하기도 했다.

처음 '추피' 책을 접했을 때만 해도 하지 못했던 말과 행동을 꿈이가 지금은 자연스럽게 하고 있는 걸 보면 아이들이 책을 통해 얻는 것이 참 많은 것 같다.

일명 육퇴(육아 퇴근)를 향해 달려가는 저녁 6시. 밥도 먹었고 목욕도 시켰다면 이제 할 일은 이 아이들을 졸리게 하는 일뿐. 분명 잘 시간인데 아이들은 점점 더 살아나는 것 같을 때, 그리고 내 체력은 바닥났을 때, 난 바닥에 깔린 내 모든 체력을 끌어모아 거실에서 아이들과 한바탕 신나게 논다. 이때 아이들은 눈치채지 못할 정도의 목표 언어를 살짝 집어넣어서 노는데, 만약 나의 목표 언어가 '~처럼 ~했어'라면 다음과 같은 활동을 제안한다. 참고로 이 활동을 기록했던 시기 아이들은 40개월, 10개월이었다.

둘째는 형이 있어서 그런지 뭐든 좀 빠르다 싶은데 돌이 되기 몇 주 전부터는 걸음마를 시작하더니 금세 제법 걸어 다녔다. 여전히 기는 게 더 빠르지만 걸어 다니는 자신의 모습이 마음에 드는지 두

발을 땅에 내디딜 땐 한껏 우쭐거리는 표정을 지었다. 걸음마를 막 시작한 둘째와 머리끝까지 흥이 차오른 첫째가 함께 놀 땐 정신이 하나도 없다. 몸으로 놀아주기 힘들다면 입으로 떠들어주며 엄마의 존재감을 알리는 게 가장 쉬운 일.

"꿈이야. 행복이가 펭귄처럼 뒤뚱뒤뚱 걷고 있어. 우와. 멋있다."

"동생 멋있어요. 힘.내.라! 엄마, 동생이 넘어졌어요."

동생이 한 걸음씩 걸어가면 꿈이는 꼭 '힘내라'와 같은 응원을 하는데 동생은 늘 그 응원이 시작되면 넘어진다. 집중력이 흐려지는 것인지…. 어쨌든 동생이 뒤뚱뒤뚱 걷거나 다다다다 기어서 미끄럼틀에 도달하면 잠들기 직전까지 땀을 뻘뻘 흘리며 놀릴 수 있다.

"동생이 물개처럼 미끄럼틀을 탔어."

"동생이 거북이처럼 느릿느릿 기어서 미끄럼틀 계단 쪽으로 가고 있어."

"꿈이는 어떻게 갈 거야?"

"호랑이!"

"꿈이는 호랑이처럼 뛰어서 계단에 도착했어."

꿈이가 좋아하는 동물 이름들을 대며 '~처럼'이라는 이야기를 하고 있으면 본인이 마음에 드는 동물로 신청을 하기도 하는데 꿈이는 호랑이, 말과 같은 동물들을 주로 이야기했다.

"꿈이가 말처럼 다그닥 다그닥 뛰어왔어."

"꿈이가 캥거루처럼 점프를 했어."

'~처럼 ~했어'를 활용할 때 가장 만만한 것이 동물이다. 동물들은 참 고맙게도 다양한 움직임과 형태를 갖고 있다. 나는 그렇게 우리 아이들과 이런저런 동물들처럼 놀다가 육퇴를 맞이한다.

미끄럼틀을 타기 전, 중, 후에 활용할 수 있는 동물은 상당히 많다. 우리는 곰처럼 어슬렁거리며 걸어갈 수도 있고 토끼처럼 깡충깡충 뛰어갈 수도 있다. 가끔 너무나 피곤해 함께 몸으로 놀아주기 힘들 땐 엄마는 소파에서 나무늘보처럼 늘어졌다고 하면 그만이고 나무처럼 우뚝 서 있다고 말하기도 한다.

이 활동, 참 재미있지만 너무 떠들어서 목과 입이 매우 아플 수 있다. 아이들의 체력이 유난히 좋은 날에는 감당할 수 없는 지경으로 각성하기도 하고….

이 활동의 기본 바탕은 물론 책이다. 묵언 수행을 해온 2년 여의 시간 덕분에 처음엔 아이가 어떤 동물을 알고 있는지 정확히 알지 못했다. 그래서 이 시기 나는 돌쟁이 아기들이 볼 법한 아주 간단한 자연 관찰 책을 낱말 카드 보듯이 읽었다. 다시 말해, 책의 표지만 보여준 것이다.

'뒤뚱뒤뚱 펭귄'

'느릿느릿 거북이'

'으르렁, 호랑이'

'야옹, 고양이'

책 표지에는 동물의 특징이 될 만한 의성어나 의태어와 동물 이름이 제목으로 적혀 있었고 동물의 사진이 담겨 있었다. 하나하나 읽으며 함께 흉내 내는 것은 첫째의 어휘력과 둘째의 흥미 모두를 잡을 수 있는 좋은 활동이었다. 특히 이 시기 둘째 아이가 '거북이처럼' 기어 다녔기 때문에 꿈이와 나는 둘째를 따라 엉금엉금 기어 다녀보기도 하고, 걸음마 연습을 하는 아기를 따라 '뒤뚱뒤뚱' 펭귄 흉내를 내보기도 했다. 가끔씩 '나처럼 해봐요' 노래를 부르며 동물 흉내를 내보기도 했는데, 한참 이렇게 놀다 보면 내 에너지는 바닥나지만 아기들의 에너지는 여전히 남아있다. 그때는 그냥 조용히 소파에 앉아 미션을 줬다.

"꿀꿀꿀, 돼지가 지나가요. 꿈이와 행복이 모두 꿀꿀꿀꿀! 돼지!"

엄마는 이벤트 사회를 보듯 계속 같은 말을 하며 돼지로 변신한 아이들은 신 나게 돼지 흉내를 낸다. 가끔 아이가 먼저 제안을 하기도 한다. 그러면 간단한 대화도 할 수 있다.

"독수리? 독수리는 어떻게 생겼지? 독수리 책 갖고 와볼까? 독수리는 정말 크구나. 날카로운 부리와 무서운 눈매를 가졌네. 자 그럼 독수리로 변신."

"두 팔을 길게 뻗어! 뻗어! 펄럭펄럭 날갯짓해요!"

보통은 이런 과정을 거쳐 아기는 잠이 쏟아지는 상태가 된다. 그렇지 않은 날은 하는 수 없이 독서삼매경에 빠지게 될 수도 있다.

"또 어떤 동물이 있을까? 어머! 이 책에는 치타가 소개돼 있어. 치타는 어떤 특징이 있지? 같이 읽을 사람!"

책을 썩 좋아하지 않는 아이라 하더라도 한참 흥이 올랐는데 놀 소재가 떠오르지 않은 그 순간, 색다른 동물에 흥미를 갖기 마련이다. 엄마의 적절한 스토리텔링과 액션이 아이를 책장 속으로 안내하는 순간이다.

토끼와 생쥐와 배고픈 곰

한동안 추피에 빠져 있던 꿈이는 잠자리 분리 대실패와 함께 또다시 책을 멀리하게 되었다. 약 3개월 정도 책과 담을 쌓은 꿈이에게 새로운 자극제가 필요하여 전집을 3질이나 들이게 됐다. 사실 3질이나 들이고 싶어서 들인 건 아니고, 영업사원의 화려한 언변에 넘어갔다.

추피 다음 단계에 아이들이 빠져드는 책이 무엇인지 조사를 하다 보니 다양한 책들이 거론됐는데 왠지 내키지 않았다. 나는 꿈이가 이솝 우화나 전래 동화를 읽으며 교훈을 얻었으면 하는 마음이 있었다. 샘플로 받아뒀던 몇 권의 책을 아이에게 들이대보니 꿈이는 책을 무서워했다. 그림이 마음에 들지 않았던 것이다.

어린이 서점에 가면 책을 직접 보고 살 수도 있고 운이 좋으면 저렴한 가격에 구입할 수 있다는 정보를 듣고 꿈이가 등원한 후 어린이 서점으로 향했다. 마음속으로 예산을 잡아놓고 몇 권의 전집 이름을 제시해봤더니 여러 종류의 책을 꺼내며 한 권 한 권 비교해줬다. 사실, 다 거기서 거기인 것처럼 보였지만 그냥 마음이 가는 책을 구입했다. 창작, 과학, 자연 관찰 이렇게 3질씩이나!

안 그래도 영업 사원들의 꼬심에 잘 넘어가는 덕에 동네 사람들로부터 '호구'라는 별명도 얻었던 터였는데 또 한 번 '호구'가 되어버렸다(그래도 여전히 저렴하게 잘 샀다고 생각하고 있다).

꿈이는 처음엔 그 책에 관심도 없었다. 사실 오랜만에 구입한 제법 비싼 전집이어서 아이가 책을 찢을까 봐 적극적으로 꺼내주진 않았다. 그런데 꿈이가 4살 반이 되고 나니 점점 잠자리에 드는 시간이 늦어졌다. 동생이 잠드는 6시 30분에서 7시 사이에는 잘 생각도 하지 않았다.

"동생 잘 때까지 조금만 기다려주면 엄마가 책 읽어줄게."

책 읽어준다는 당근이 왜 먹혔는지 지금도 알 수 없지만 꿈이는 조용히 기다려줬고 그날부터 꿈이는 동생이 잘 때까진 침대에 함께 누워 기다리고 있다가 7시쯤 엄마와 함께 책 읽는 시간을 즐기게 되었다.

구입해뒀던 책을 골고루 섞어 하루 10권 정도의 책을 읽는데, 꿈이가 특히 좋아하는 책은 《토끼와 생쥐와 배고픈 곰》과 《잡아라 토끼》였다. 어느 부분이 마음에 들었는지 잘 모르겠지만 꿈이는 이 책을 너무 좋아했다.

이 책의 첫 장에는 생쥐가 자기 집 앞에서 사다리를 들고 있는 그림이 나오는데 꿈이는 늘 그 페이지를 펴놓고 "사다리를 들고 있네. 왜 들고 있지? 집을 짓고 있어."라고 말을 한다. 사실 토끼는 딸기를 따기 위해 사다리를 들고 있는 것인데 아무렴 어때, '왜'라는 질문을 스스로 하고 대답도 하는 걸.

이 두 책에 빠져 있다 보니 나머지 8권 정도의 책도 집중력 있게 읽었다. 집중하지 않으면 내가 책 읽기를 중단하기 때문이기도 했다. 어떤 날은 너무 피곤하여 대강대강 읽고, 집중 여부를 체크하지도 않는데 너무 신기한 건 꿈이가 다른 책들의 제목도 줄줄 말한다는 것이다.

"《유치원에 간 공룡》 읽고 싶어."

"《피망카》 읽고 싶어."

한두 번밖에 안 읽어준 책들의 제목도 줄줄 이야기하는 것을 보면, 아이가 잘 듣는지, 잘 보는지 의심하지 않고 열심히 책을 읽는 것이 맞는 것 같다. 가끔 남편이 책을 읽어주는 날도 있는데 늘 꿈이가 집중하지 않는다고 자기랑 책 읽는 건 싫어한다고 말하곤 한다.

"아니야, 다 듣고 있어. 안 듣는 척해도 사실 귀를 열고 잘 듣고 있으니 묵묵히 읽어주면 돼."

전집이 좋은 이유

많은 사람이 '책 읽기'가 아이의 말 트임에 도움이 된다고 말을 하지만 아이에게 '책을 읽히기'가 여간 어렵지 않다. 말 없이 활동적인 아이들은 책 읽느라 앉아 있는 시간보다 장난감을 갖고 노는 시간을 더 좋아하기 때문이다. 아이를 앉힐 만한 당근이 필요하다.

나는 전집을 싫어하는 엄마였다. 어디서 주워들었는지 기억은 나지 않지만, 전집 한 질을 사는 것 보다 좋다고 소문난 책들을 단권으로 사서 읽히는 게 아이의 성장에 더 도움이 된다는 이야기를 들었고, 맞다고 굳게 믿었기 때문이다. 이 말은 어떤 면에서는 맞고, 어떤 면에서는 틀리다.

큰돈 주고 산 전집의 모든 구성을 꿈이가 편식 없이 이용해주면 좋겠지만 사실상 읽는 책은 정해져 있다. 따라서 좋아하는 책을 골라 낱권을 사서 읽히는 것이 더욱 효율적이긴 하다. 그러나 아이가 어떤 책을 좋아하는지 알기 위해서는 먼저 책을 읽혀야 하는데, 아이가 책을 읽는 것 자체에 흥미를 갖기 위해서는 잘 차려진 뷔페가 필요하다. 아이가 김밥을 좋아하는지, 케이크를 좋아하는지, 떡갈비를 좋아하는지 뷔페에 가서 직접 골라 먹여봐야 시행착오를 겪지 않을 수 있다.

꿈이 두 돌 무렵까지 우리 집 책장에는 이름 있는 작가들의 유명한 책들이 자리하고 있었다. 맘카페에서 추천하는 단행본을 하나하나 구입하여 꿈이에게 읽어줬는데 꿈이의 반응은 썩 좋지 않았다. 그러던 중 돌쟁이들의 전집을 처음 구입하고 내가 놓친 부분이 무엇인지 깨닫게 되었다.

전집은 중복되는 내용 없이 그 시기 아이에게 필요한 내용이 골고루 담겨 있다. 예를 들어 수 개념, 양 개념과 관련된 내용이 돌쟁이 전집에는 대놓고 제시되어 있지만 내가 추천받아 구입한 책들은 인성이나 사회성 관련이 대부분이었다.

그다음으로 구입했던 추피 이야기에서 발견한 전집의 매력은 특정 인물의 반복적인 등장이다. 꿈이는 '애착 인형'이라는 것을 모르고 30개월을 보냈다. 남들이 그렇게 하기에 이런저런 인형을 사서 안겨줘봤지만 꿈이는 원하지 않았다. 그러다 추피가 늘 갖고 다니는 두두를 알고, 꿈이는 어느 날 집에 있는 특정 인형을 두두라고 부르며 아껴주게 되었다. 전집 속 인물이 여러 에피소드 속에서 반복적으로 행하는 행동들을 꿈이가 은연 중에 배우는 것이다.

추피 다음으로 들인 전집에서 나는 이 믿음을 굳혔다. 그림체와 글씨체가 통일된 이 전집으로 인해 꿈이는 그림을 보며 책 내용을 말하기도 하고 글씨를 읽어 보이기도 했다. 말이 빠른 아이들은 뭘들 어떠냐 싶을 수도 있지만 말이 느려 하루하루 고민이었던 나로서는 '이거다' 하는 순간이 온 것이다.

"우리 아기는 책을 싫어해."라고 말하는 사람들이 있다. 나도 그 중 하나였다. 그런데 나의 경우를 살펴보면 엄마가 아기에게 책 읽을 환경을 마련해주지 않았던 셈이었다.

좋다고 소문난 단행본들을 구비하여 책꽂이에 꽂아놓고는 꿈이가 좋아하지 않으니 '역시 우리 아기는 책에 관심이 없어.'라고 생각을 했었다. 그런데 아기의 언어가 늦다고 생각한 이후 월령에 맞는, 혹은 내가 지나쳐버린 전집들을 구입하여 책꽂이에 꽂아놓기 시작했다. 한 질, 두 질 사보니 우리 집 책꽂이는 어느새 가득 차버렸고 항상 눈에 띄는 자리에 책이 가득 차 있으니 아기도 관심을 갖기 시작했다.

언젠가 영유아검진 문항 중 특정 책을 선택하여 갖고 올 수 있는지에 대한 문항이 있었는데 나는 단순히 아기가 언어가 늦기 때문에 못 갖고 온다고 여겼었다. 그런데 지금 생각해보면 '특정 책'이라고 지목할 만큼 관심 있는 책이 집에 없었던 것 같다. 전집이 아무리 '건질 책이 몇 권 없는 끼워 팔기'로 비난받는다 한들 그 몇 권으로 인해 아이가 책에 관심을 갖게 된다면 그보다 좋은 일은 없다. 다행히 우리 아이는 뒤늦게 들인 전집에서 아주 많은 책을 건졌고 그 덕분에 언어능력이 많이 올랐다.

꿈이는 노느라 밥 먹을 틈도 말할 틈도 없는데 책을 쉽게 읽을 리 없었다. 한참 놀다가 잠잘 시간이 되면 아이는 온갖 꾀를 내어 그 시간을 뒤로 미루곤 하는데, 물이 마시고 싶다고 하기도 하고 배가 고프다고도 하고 쉬를 하겠다고도 한다. 나는 웬만하면 그런 핑계를 다 수용해주는 편이다. 꿈이는 7시 정도에 잠잘 준비를 하기 때문에 이런저런 핑계로 1시간을 소비한다 해도 다른 아이들에 비해 일찍 잠들 수 있기 때문이다.

그런데 둘째가 태어난 후, 둘째 밤잠 전까지 꿈이는 거의 방치 상태였다. 둘째가 잠투정을 하는 6~7시 사이, 아이는 혼자 장난감을 갖고 놀거나, 영상을 보거나, 괜히 동생 자는 방에 들어와서 동생 잠을 깨워 엄마에게 혼나기 일쑤였다.

"꿈이야, 조금만 기다려. 동생 잠들면 엄마랑 둘이 책 읽자."

엄마의 사랑이 고팠던 건지 단둘이 책을 읽는 이 시간이 아이에게는 맛있는 당근이 되었고 한동안 잘 먹혔다. 10권 정도의 책을 아이 방 침대 머리맡에 쌓아두고 읽어주곤 했는데, 어느 정도 읽어주면 아이 눈에 졸음이 가득 차 있어, 재우기도 더 수월했다.

가끔 아이가 영 흥미 없다는 듯한 표정으로 다른 곳을 바라볼 때가 있다. 입 아프게 읽어주고 있는데 아이가 다른 생각을 하는 것 같을 때 얼마나 기운이 빠지는지 모른다. 그래서 어느 날인가 글자를 함께 따라 읽는 활동을 시작했는데 말이 늦게 트여 발음이 좋지 않은 꿈이에게 너무 좋은 방법이 되었다.

평소에 특정 단어만 활용하느라 안 쓰는 근육들이 있어, 자연스레 그 근육을 이용한 자음과 모음 발음은 부족한 편이었는데, 책을 함께 읽으니 어떤 발음이 부정확한지도 정확히 알게 되고 두세 번 더 읽어보게 되니 발음 연습이 되었다.

다만, 너무 여러 번 발음 교정을 하는 경우 아이가 기어 들어가는 목소리로 발음하게 되니 조심할 필요가 있다. 그 좋아하던 추피 타임. 엄마 말을 따라 하며 읽어서 재미는 반감된 것 같으나 직접 단어들을 뱉을 수 있어 제법 효과가 큰 시간이다. 특히 이미 이야기를 다 아는 상태에서 따라 읽으니 어떤 땐 엄마보다 앞서서 이야기를 하기도 한다.

책을 읽으면서 아이가 내용을 전혀 이해하지 못한다는 느낌을 받을 때가 있다. 한번은 기찻길을 이으며 강을 만나 다리를 짓고, 호수를 만나 기찻길이 돌아가는 내용의 책을 읽는데 아이가 내용을 전혀 따라오지 못한다는 느낌이 들었다. 그래서 집에 있는 장난감 기찻길을 갖고 왔더랬다. 강과 호수가 그려져 있는 그림 위에서 함께 기찻길을 연결하며 "강을 만났네, 다리를 만들어야겠어." 하며 기찻길을 올리기도 하고, "호수를 만났네. 돌아가야겠어. 물에 풍덩 빠지면 안 돼!" 하고 빙 둘러 가기도 한 후 책을 다시 읽으니 그제야 흥미를 갖는 것으로 보였다.

그림책을 읽다 보면 내용이 친절히 그림으로 묘사되어 있긴 하지만 아이가 그 어휘를 받아들이기에 부족할 때가 있다. 책을 읽어주며 아이의 표정을 함께 읽는 것이 중요한 순간이다. '소매를 걷어붙이며'라는 문장이 나올 땐 직접 소매를 걷어붙이는 동작을, '토끼가 버둥거렸어요.'라는 문장에서는 직접 아기를 붙들고 버둥거리는 동작을 해 줘야 아이가 온전히 그 어휘를 받아들일 수 있게 된다.

'어떻게 책을 읽어줘야 하는지'에 관한 내용을 다루고 있는 여기에 넣기는 다소 무리가 있지만, 곁다리로 소개할 훈육 방법이 있다.

아이의 언어가 늦으니 훈육도 쉽지 않다. 꿈이는 동생이 생긴 이후 부쩍 혼날 일이 생겼다. 예를 들어 엄마 눈을 피해 동생을 살짝

밀거나 홍에 겨워 놀다가 동생 머리를 통통 치는 등의 일이다. 처음엔 부드럽게 "그러면 동생이 아파. 하지 않아요."라고 말을 해줬는데 귓등으로도 듣지 않는 느낌이 들어 어느새 목소리가 커지고 화를 내게 되었다.

문제는 나는 화가 잔뜩 났는데 꿈이가 엄마의 이야기를 귀담아 듣지 않는 것만 같아서 더 화가 나고 결국은 기 싸움하듯 혼을 내는 것이다. 이러면 꿈이는 눈물을 쏙 뺐지만, 본인이 왜 혼이 났는지 알 길이 없는 상황이 되어버리기 일쑤였다. 그래서 얼마 전부터 방법을 바꿔 훈육하기 시작했는데 예상치 못하게 발음 수업 시간이 되어버렸다.

🧑‍🦰 꿈이 엄마 보세요. 꿈이 동생 왜 밀었어요?

🧒 동생이 장난감을 뺏었어요.

🧑‍🦰 동생이 꿈이 장난감을 뺏었어요? 그렇다고 동생을 밀면 돼요, 안 돼요?

🧒 안 돼요.

🧑‍🦰 꿈이가 동생을 밀면 동생이 넘어져서 아파요. 밀지 않아요.

🧒 동생 쿵 아파?

🧑‍🦰 응. 동생 쿵 넘어지면 다쳐서 아파요. 동생 밀지 않아요.

이상적인 대화는 이런 모습이지만 대화가 길어지면 꿈이의 시선은 다른 곳을 향한 채 내 이야기를 듣지 않는 게 분명하다는 느낌이 들어 점점 화나게 된다. 그래서 내 말을 따라 하도록 하게 했는데 한 번에 문장을 따라 하라 하면 자꾸 마지막 서술어만 따라 해서 짧게 짧게 끊어 말하게 됐다.

동생을

동생을

밀지

밀지

않을게요.

않을게요.

만약에

만약에

동생이

동생이

장난감을

장난감을

뺏어가면,

뺏어가면

하지 마!

하지 마!

내가 먼저

내가 먼저

갖고 놀았어

갖고 놀았어

라고 할게요.

라고 할게요.

이런 식으로 따라 말하게 하다 보니 꿈이는 자기가 자신 없는 발음은 작게 하거나 생략했는데, 엄마는 화가 난 상태이므로 여러 차례 다시 발음하게 하거나 구체적인 방법을 이야기할 수 있었다. 뜻밖에 발음 교정 시간이 되고 말았다.

꿈이는 특정 입술소리를 제대로 발음하지 못한다. '엄마'나 '마법사'처럼 자주 했던 말은 문제없이 발음하지만 '만약에'처럼 처음 해보는 말은 '나나게' 정도로 입술을 안 붙이고 발음을 한다.

"엄마 입 보세요. 입술을 붙였다 떼서 발음해요. 마!냑!에!"

이런 식으로 이야기를 하다 보니 이건 훈육 타임인지 언어치료 타임인지 알 수가 없는 지경이 된다. 그래도 마지막에 다시 한번 스스로 해결 방법을 말하게 했으니 훈육도 된 걸로 치자. 엄마 마음의 평화를 위해서라도.

나는 이 방법을 '앵무새 기법'이라고 명명했다. 발음 향상을 위해 안 쓰던 근육을 풀어주는 인위적인 구강 운동도 좋지만 직접 말해보는 것만큼 좋은 방법이 있을까? 굳이 훈육이나 책이 아니더라도 따라 말하기를 통하여 아이의 발음 교정에 도움을 줄 수 있다.

이 장에서 훈육 에피소드를 정리하다 보니 이 방법이 정말 효과적이라는 확신이 또 한 번 든다. 요즘 꿈이는 동생이 장난감을 빼앗으려 하면 "내 거야. 형이 먼저 갖고 놀았잖아."라고 스스로 말하기도 하고 "엄마, 동생이 꿈이 장난감을 자꾸자꾸 뺏어가요."라고 말하기도 한다. 이 일화를 기록해놓은 지 두 달 정도 되었는데, 두 달 사이에 꿈이가 이렇게 많이 컸구나 하는 생각에 정말 대견하다.

아이에게 맞는
책을 고르는 방법

어린이 서점 가기

유아 교육전과 같은 박람회에 가면 다양한 전집 출판사가 참여하여 전집을 홍보합니다. 샘플로 주는 책 몇 권에 혹해서 또는 영업 사원의 현란한 말솜씨 때문에 턱 하고 계약하기엔 전집 액수가 만만치 않죠. 그리고 큰 결심하여 들여온 전집에 아기가 관심조차 갖지 않는다면 그만큼 허무할 순 없습니다. 그래서 저는 규모가 큰 박람회보다는 어린이 서점을 추천해요.

물론 어린이 서점도 각자 밀고 있는 출판사가 있지만 다양한 출판사의 책을 비교하며 구입할 수 있기 때문에 선택에 도움이 됩니다. 예를 들어 우리 아이에게 '자연 관찰' 책을 구입해주고 싶다면 어린이 서점에서 최대한 많은 출판사의 책을 소개받고 비교하는 겁니다. 사장님이 권하는 출판사의 책에 유혹될 확률이 크긴 하지만 우리 아이 성향에 맞는 책을 선택하는 데 도움이 됩니다.

지역 맘카페 이용하기

전국 단위로 운영되는 대규모의 맘카페는 정보가 많긴 하지만 그만큼 홍보하는 사람도 넘쳐납니다. 그뿐만 아니라 선택의 기로에서 질문 글을 올렸을 때 답변을 기다릴 틈도 없이 새로운 글들이 업데이트 되어 내 글이 묻히기 쉽죠. 지역 맘카페에 우리 아기 성향과 원하는 분야를 제시하고 책 추천을 받아보세요. 아기가 어떤 책에 어떤 반응을 보이는지에 대한 정보와 함께 어느 서점에서 저렴히 판매하고 있는지에 대한 정보까지 얻을 수 있답니다.

어린이 도서관 가기

운전을 못 한다는 핑계와 위생상의 두려움 때문에 아기를 데리고 도서관에 한 번도 가본 적이 없었는데 휴직 중 혼자 다닌 도서관은 별천지였어요. 우리 어릴 때의 그 딱딱한 분위기의 도서관은 온데간데없고 아기가 편하게 누워 책을 읽는 공간도 있고 부모가 아기에게 책을 읽어주는 코너도 있었습니다. 어린이 도서관에서 전집을 꺼내 읽으며 아기에게 선택권을 줘보세요. 본인이 고른 책이라 더 애착을 갖고 책을 읽을 것입니다.

지인 찬스 이용하기

육아를 하다 보면 아기 엄마들끼리 어울릴 일들이 생기기 마련입니다. 사실 저는 첫째 돌 무렵까지도 동네 친구, 아기 친구가 없었습니다. 라푼젤처럼 집에 앉아 아기와 단둘이 시간을 보내고 병원, 문화센터가 평일 우리 모자의 외출의 전부였죠.

첫째가 3살이 되었을 때 새로운 동네로 이사를 오면서 마치 새 학년 새 학기를 맞이한 듯이 모두가 적극적으로 친구를 사귀는 분위기가 되어 동네 친구와 아기 친구를 많이 만들게 되었습니다.

일주일에 두세 번은 아기 친구들끼리 모여 공동 육아를 했는데 집마다 들여놓은 책들의 종류가 달랐어요. 한두 권 꺼내 읽히면 우리 아기가 이 출판사의 그림체나 내용에 관심이 있는지 바로 감을 잡을 수 있습니다.

Chapter
4

영상은 무조건 안 되는 걸까 ?

영상을 보여주는 나쁜 엄마

꿈이를 낳은 후 가장 크게 깨달은 것은 육아는 절대 계획대로 되지 않는다는 사실이다. 나는 그 누구보다 꿈이를 잘 키우고 싶었다. 아니, 잘 키울 자신이 있었다. 3.46kg의 아기를 12시간의 진통 끝에 낳았을 때만 해도 내 육아가 이렇게 산으로 갈 줄은 몰랐다.

꿈이가 먹는 데는 취미가 없어서 젖을 안 빨아줄지도 몰랐고 먹는 것만 보면 기겁을 할지도 몰랐다. 여유 시간이 생기면 아무것도 하지 않고 '가만히 있는 것'을 즐기는 이런 엄마 밑에서 하루 종일 땀을 뻘뻘 흘리며 돌아다니는 아기가 태어나리라고는 상상하지 못했다.

'사운드북의 인위적인 소리는 아이들의 정서에 좋지 않다.'는 이야기를 또 어디선가 주워들어서 동물 가면을 쓰고 "음메~음메~, 삐약삐약~" 하며 하루 종일 동물 소리를 내고 다녔다. 사람 많은 곳에 가면 괜히 병균을 옮아 올까 싶어 주 1회 가는 문화 센터 외에는 외출을 거의 하지 않았다. 문화 센터에서도 꿈이가 기어 다니다 만진 무언가에 무슨 균이라도 있을까 싶어 1시간 내내 한발 앞서 물티슈로 바닥이며 교구를 닦아대고 다녔다.

이렇게 열심히 살았는데 꿈이는 엄마와의 상호 작용에 취미가 없고 돌 무렵 장염에 걸리며 더 안 먹는 아기가 되었다.

그렇게 나만의 규칙 속에 사로잡힌 2년간의 육아 끝에 나는 봉인 해제되었다. 이렇게 열심히 살아봤자 꿈이는 또래보다 신체적으로도 인지적으로도 뛰어나지 않았다. 그냥 엄마만 불행해지는 육아 방식이었다는 생각이 들자 나는 일탈을 시작했다.

종일 나와 단둘이 있는 꿈이에게 언어 인풋이라고는 엄마의 음성이 다인데, 그 양과 질이 턱없이 부족했다는 생각에 아이들에게 인기가 많은 캐릭터 만화를 틀어준 것이다. 물론 이것이 꿈이의 첫 영상은 아니었다.

복직 후 꿈이를 8시 30분부터 5시까지 어린이집에 맡겼는데, 이 어린이집은 3시부터 5시까지 통합 보육을 했다. 통합 보육이라 함은 각자의 연령대끼리 모여 지내던 낮 일과가 아닌, 남아 있는 아이들이 연령에 상관없이 한 공간에 모여 생활하는 시간이다. 이 어린이집의 통합 보육은 주로 영상 노출이었다. 처음 이 사실을 알았을 땐 '어떻게 그럴 수가 있어?'라는 생각이 들었지만 그렇다고 다른 어린이집을 당장 알아볼 수 있는 처지도 아니고 다시 휴직을 할 상황도 아니어서 마음을 비웠다.

아이는 집에서 영상을 보지 않아도 캐릭터 이름을 줄줄 외웠고 병원에서 캐릭터가 그려진 비타민을 주면 자기가 좋아하는 캐릭터로 바꾸기도 했다. 그럼에도 영상을 절대 보여주지 않는 것(만화 영상뿐만 아니라 어른들 드라마, 뉴스 보는 것도 꽤나 조심했다)은 나만의 육아 고집이었는데, 우연히 만화를 하도 보여줘서 주인공 대사를 외우다 말이 늘었다는 친구 아이의 수다스러운 모습을 보며 10분, 20분 보여주던 게 이제는 1시간, 2시간이 되었다.

남들이 보면 어떻게 생각할지 모르지만 이 방법은 우리 아이에게는 정말 큰 효과가 있었다. 처음에는 의성어, 의태어만 따라 하는가 싶더니 몇 번 반복해서 본 영상에서 '아니', '그래'와 같은 간단한 대사를 먼저 말하기도 하고 특정 영상을 틀어달라 말하며 자발화를 시작했다.

물을 먹기 위해서는 정수기 앞에만 있으면 되지만 예컨대 '똑똑 박사 에디'를 보기 위해서는 텔레비전 앞에 서 있는다고 해결될 수 없다는 것을 알기에 아이는 '똑똑한 에디'라고 말을 할 수밖에 없는 상황이었다. 게다가 나는 임신 중이라 영상을 보며 함께 앉아 도란 도란 대화를 할 수 있다는 사실이 종일 빨빨거리며 돌아다니는 아이 뒤통수에 대고 이런저런 인풋을 제공하는 것보다 효과적이었다.

소 뒷걸음치다 쥐 잡는 격으로 조금의 가능성을 엿보게 되니 왠지 지금이 기회다 싶었다. 이 기회를 놓치면 아이가 영영 입을 열지 않을 것만 같아 태교도 할 겸 도서관에서 '언어치료' 관련 책을 읽어보기 시작했다. 극히 일부지만 영상의 필요성을 인정하는 서적도 있었다.

내가 듣고 싶은 것만 듣고, 받아들이고 싶은 것만 받아들이기로 했다. 꿈이가 말을 하지 않는다는 사실 자체만으로도 내 삶이 너무 버거운데 이런저런 이야기에 흔들리며 스트레스 받고 싶지 않았다.

'영상이면 좀 어때? 엄마와 아이가 행복하고, 말만 잘 늘면 그만이지. 24시간 혼자 보게 하는 것도 아니고 정해진 시간 동안 엄마와 함께인 걸!'

육아에는 정답이 없다. 주변의 시선과 육아서보다는 아기와 우리 가정에 맞는 육아를 하는 게 정답이다. TV를 바보상자라고 경계하며 자란 우리들. 그 TV 때문에 바보가 되진 않았고 나는 TV도 좋아하고 책도 적당히 읽는 어른으로 성장했다. 물론 TV를 안 보고 어휘를 늘릴 수 있다면 더 좋을 수도 있겠지만 아이에게 필요하다면 과감하게 보여주는 것도 좋다고 본다. 주 양육자 나름대로 규칙을 세워 아이와 함께 '도움이 되는' 영상을 본다면 득이 더 많다고 생각한다.

흥이 많은 아이를 위한 언어 자극

대부분 아이가 그렇듯, 꿈이는 흥이 많다. 희미하게 흘러나오는 음악 소리에 반응하여 엉덩이를 들썩거리던 시절부터 알아봤지만 엄마가 들려주는 동요를 좋아하고, '말은 잘 못 하지만 노래는 잘하는 특별한 아이다. 말을 워낙 안 하기 때문에 다른 사람들 앞에서 꿈이의 목소리를 들려주기는 쉽지 않지만, "노래 불러줘."라는 말에는 정확하진 않지만 열심히 노래를 불러내곤 했다.

32개월, 다른 아이들 같으면 '눈, 코, 입' 수준이 아닌 '눈썹, 어깨, 턱'과 같은 세부적인 신체 부위를 말할 것이고, '위, 아래, 안, 밖'과 같은 위치 부사어도 이해할 수 있다. '자동차'라는 단어에 그치지 않고 '자동차 바퀴'를 알아야 하는 시기지만 꿈이는 '눈, 코, 입'조차 쉽게 말하지 않았다. 그런데 이상하게도 '머리 어깨 무릎 발' 노래는 신나게 불러댔고 뭉그러지는 발음이지만 따라 하기 위해 애쓰기도 했다. 그렇다면 이 특징을 활용하여 효과를 얻을 수 있지 않을까?

앞서 '영상을 보여주는 나쁜 엄마'임을 인정하기도 했지만 나는 영상을 전혀 보여주지 않고는 아이에게 언어자극을 줄 수 없다는 생각이 들었다. 주말을 제외하고는 음성을 들려줄 수 있는 양육자가 나 하나뿐인데, 나는 아이에게 종일 수다를 떨어줄 수 있는 사람이 아닌 데다가 둘째까지 태어나서 함께할 시간 자체가 적었다. 꿈이의 언어 발달은 더욱 염려스러운 상황이라 영상을 현명하게 활용하면 되지 않을까란 생각을 했다. 내가 목표로 하는 언어 자극이 나오는 동요를 틀어주며 아이가 흥얼거리게 한다면 자연스럽게 그 단어를 익힐 수 있는 것이 아닐까?

나는 유튜브에서 어린이집 동요를 검색하여 틀어주기 시작했다. 유튜브에는 다양한 동요 영상이 있는데 아이가 가장 친근하게 느끼는 특정 영상이 있어 함께 시청해보니 아이에게 필요한 어휘가 상당히 나왔다.

〈앞으로〉

한때 아이의 최애 동요는 〈앞으로〉였다. 32개월 아이에게 다소 어려울 수 있는 발음임에도 아이가 너무 좋아하여 완창하는 수준에 이르렀는데, '지구는 둥그니까 자꾸 걸어 나가면 온 세상 어린이들다 만나고 오겠네.' 등의 가사를 정확히 하지는 못하지만 노래의 느낌을 살려 포인트 가사를 익혀냈다. 이 동요에서 얻은 목표 언어는 '앞으로'와 '둥글다'이다.

'앞으로~ 앞으로~' 가사에 맞춰 아이와 앞으로 전진하는 율동을 해보기도 하고 '뒤로~ 뒤로'라고 개사하여 뒤로 가기도 하며 '앞'과 '뒤'를 자연스럽게 익히도록 했다. 여기에 더해 예전에 함께 들었던 〈옆으로 가〉를 부르며 '옆으로'라는 단어와 '굴러떨어지다'의 언어도 수용할 수 있게 되었는데 여담이지만 〈옆으로 가〉는 다소 잔인한 것 같다. 어느 영상을 보든 10명의 아이가 자고 있다가 끝에 있는 아이가 한 명씩 밀어서 다 떨어뜨린다니, 다들 자다가 이게 웬 봉변이란 말인지.

'둥글다'라는 단어는 '지구는 둥그니까'라는 가사에서 흘러나왔는데 사실 꿈이는 '지~'까지밖에 부르지 못했다. 앞으로 앞으로를 실컷 외치다가 '지~'하고 그쳐버리지만 계속 듣다 보면 표현도 할 것이라는 생각에 목이 터져라 불러줬다.

'지구'라는 단어를 입력해주기에는 이른 감이 있어 '둥글다'라는 말을 하며 손짓으로 표현하기도 하고, 화면으로 익히기도 하고, '동그라미, 뾰족뾰족 세모, 반듯반듯 네모'라는 말을 하며 모양 익히기에 적용하기도 했다. 이 활동의 초기에는 '뾰족뾰족 세모'라고 이어 말하는 아기의 발음을 잘 알아듣지 못하여 답답함을 유발했는데, 꿈이가 어디선가 들었던 '세모'에 대한 표현을 덧붙인 것이라는 사실을 나중에 눈치채고 열심히 '뾰족뾰족 세모', '반듯반듯 네모'라고 말했다.

<엄지 어디 있소>, <다섯 손가락>

〈엄지 어디 있소〉의 율동은 어른인 내가 봐도 너무 귀엽고 재미있다. 엄지를 허리 뒤로 숨기고 있다가 쓱쓱 꺼내는 이 동작을 하는 꿈이를 보고 있으면 너무 사랑스러워서 깨물어주고 싶을 지경이다. 이 노래를 통해 아이는 '엄지손가락'과 같은 손가락 명칭, '여기', '어디'와 같은 지시 대명사를 익혔다.

특히 '손가락 명칭'에 큰 흥미를 느낀 꿈이는 '아빠 손가락 아빠 손가락 어디 있나? 여기 여기~' 하는 노래에도 푹 빠졌는데, 이 노래는 너무 자주 불러서, 그리고 목에 핏대까지 세워가며 5절까지 불러대서 내가 가장 기피하는 노래가 되었다.

'여기', '어디'와 같은 단어를 익힐 땐 다른 어휘량이 부족한 상태에서 조금 어렵지 않을까 하는 생각에 강조하지 않았는데 율동이 재미있어서인지 꿈이가 거부감 없이 받아들이게 되었다.

이 노래들 덕분일까? "엄지 어디 있지?"라고 음률 없이 물어보는 질문에도 "여기 있어요!"라고 대답하며 노래에서 말로 꿈이의 언어가 발전할 수 있었다. 이전에는 '노래는 잘하는데 말은 안 하는 아이'로 종일 노래만 했었는데 탄력을 받았다고 해야 할까? 조금씩 입을 떼기 시작했다.

<작은 동물원>

　아주 어릴 때부터 들었던 노래이기도 하고 많은 장난감에 수록된 아주 쉽고 친근한 멜로디의 노래이기도 한데 꿈이는 울음소리만 따라 할 뿐 동물의 이름을 이야기해주진 않았다.

　'삐약삐약 병아리~ 음메음메 송아지~' 거의 3년을 불러온 이 노래에 분명히 무엇이 병아리고 송아지인지 알 것인데 "병아리가 어디 있지?" 하면 묵묵부답. 그런데 다양한 동요를 더 힘차게 부르면서부터 가사를 즐겁게 따라 하기 시작했다. 넘쳐흐르는 흥을 침묵으로 주체할 수는 없었을 게다. 병아리를 병아리로, 송아지를 송아지로 부를 수 있는 날이 오다니!

　이 노래 외에도 동물이 등장하는 동요가 굉장히 많고 다양한 버전으로 여러 동물을 소개하기도 하는데 함께 메들리로 소개된 동요를 검색하여 들려주니 웬만한 동물은 다 알게 되었다. 뭐 물론 어른들도 잘 모르는 동물 이름은 아직이지만.

<수박 파티>

  '커다란 수박 하나 잘 익었나 통통통'으로 시작하는 이 노래를 꿈이가 좋아하는 이유는 단순하게도 '수박'을 좋아하기 때문이다. 소파에 앉아 영상을 보다가 이 노래가 나오면 당장 TV 앞으로 뛰어나가 수박을 먹는 척하고 돌아오는데 그때를 놓치지 않고 "맛있다.", "시원하다.", "아이 차가워."와 같이 말하니 어느 순간 '맛'에 대한 표현을 하기 시작했다.

  이 '영상'이라는 것, '노래'라는 것에 더욱 고마움을 느낀 사건이 있었다. 늦게 들인 주방 놀이를 매일매일 갖고 놀던 어느 날, 깜짝 놀랄 만한 사실을 알았다. 꿈이는 '밤'을 몰랐다. 아이가 말을 안 해서 그렇지 수용 언어는 꽤 괜찮다고 생각했는데 밤을 가리켜 "이거 뭐야?" 하니 "고구마."라고 말하는 게 아닌가!
  밤도 고구마도 평소에 잘 안 먹어서 안 챙겨줘서 그런가. 아니 아무리 그래도 그렇지 이 나이 먹도록 '밤'을 모른다니. 너무나 충격적이어서 당장 낱말 카드를 꺼내 들고 함께 읽어보기로 했다. 그렇지만 구체물을 갖고 칼질을 해가며 놀던 아이가 납작한 종이 쪼가리를 보고 흥미를 느낄 리 없었고 아이는 자유인이 되어 이리저리 돌아다니기 시작했다.
  "꿈아, 따라 해봐. 배!추!"

"아빠 손가락 아빠 손가락 어디 있나? 여기, 여기, 여기!"

"배!추!"

"엄마 손가락 엄마 손가락 어디 있나? 여기, 여기, 여기!"

엄마는 입 아프게 떠들고 아이는 목청 터져라 〈다섯 손가락〉을 불러대는 통에 시끄럽기만 했던 그 순간.

"배~추, 배~추, 배~~추. 배~추, 배~추, 배~추."

아이가 부르는 멜로디에 배추 단어를 입혀 함께 불러봤다. 어리둥절한 표정으로 나를 바라보던 꿈이는 재미를 느꼈는지 함께 '배추'를 부르기 시작했는데, 이때다 싶어 이런저런 가사를 입혀봤다. 메론도 수박도 사과도 이 멜로디와 함께라면 얼마든지 읽힐 수 있었다.

한참을 과일과 채소 이름을 댄 후 구구절절 설명도 해주고 싶어 "배추 맛있어?"라고 하니 아이는 "배추 매워."라는 대답을 갖고 왔다. 평소에 채소를 정말 좋아하는 꿈이가 배추를 맵다고 생각하고 있는지는 몰랐는데 그림과 노래를 함께하니 마음이 200% 열렸나 보다.

이 일이 있은 후로는 꿈이가 모방 발화를 하지 않을 때면 무조건 꿈이의 최애곡에 단어를 입혀서 불렀는데 정말 효과적이었다. 재미없다고 느껴질 수 있는 어휘 학습에 아이가 흥미를 느끼고 엄마도 신나게 가르치니 힘도 들지 않고 좋은 방법이었다.

노래를 통한 의사소통은 시시때때로 이뤄졌는데 꿈이가 너무 들떠 있는 것 같아 길을 가다 위험할 것 같을 때도 〈다섯손가락〉에 맞춰 "천천히 걸어요. 천천히! 위험해, 위험해, 위험해!" 하고 불러주면 그냥 말할 땐 귓등으로도 듣지 않는 듯했던 꿈이가 천천히 걸었다. 자기만의 세계에 빠져 엄마가 불러도 대답하지 않는 아이에게 "엄마가 사랑하는 꿈이!" 하며 멜로디를 입혀 부르면 장난 가득한 표정으로 대답하기도 했다.

이렇게 우리는 마치 한 편의 뮤지컬을 찍는 것처럼 노래를 불러가며 대화와 학습을 하는데 놀랍게도 노래를 통한 언어치료가 효과가 있다는 사실이 학술적으로도 여러 차례 연구되었다고 한다.

노래를 불러가며 언어치료를 할 때, 동요의 음악적, 언어적, 놀이적 요소가 조음 능력 향상에 도움을 주며, 반복으로 인한 지루함 감소와 아동의 성취감 향상에 도움을 준다니 언어걸린 느낌은 있지만 적극 활용해야겠다 싶다.

신데렐라와 인어공주

어린이집에서 종종 뮤지컬을 보러 가는데 꿈이가 언어 표현을 하지 않을 땐 그 내용에 큰 관심이 없었다. 그저 오늘 어디 가는구나 정도. 그러다 어느 정도 이해할 수 있다는 생각이 든 이후로는 등원길 또는 하원길에 어린이집 일정에 대해 대화하기 시작했는데 아이는 소풍, 특히 뮤지컬을 보러 가는 것을 참 좋아했다.

어릴 때부터 자장가 대신 〈피구왕 통키〉, 〈축구왕 슛돌이〉 같은, 전혀 잠이 안 올 것 같은 노래를 불러줬던 엄마 덕분에 꿈이는 이런저런 만화 주제곡은 어느 정도 외우고 있는데, 어린이집에서 뮤지컬을 보고 온 날은 더욱더 신나게 그 노래를 부르며 하원하곤 한다.

꿈이가 몇 달이 지나도 계속해서 응용하는 이야기는 《피노키오》와 《인어공주》. 사실 처음에는 발음이 불명확해서 무슨 의미인지 잘 이해하지 못했는데 몇 달 동안 비슷한 이야기를 반복하다 보니 아이가 어떤 타이밍에 어떤 어휘를 쓸 것인지 감이 와서 함께 호응해주며 문법을 교정하기도 한다.

하루는 밥 먹다가 뜬금없이 아이가 설거지를 하는 아빠를 향해 외쳤다.

"싫어."

"응? 뭐라고?"

"싫어. 아빠 싫어."

갑자기 아빠가 싫다고 말하니 너무 당황스러워 이유가 너무 궁금했다.

"아빠가 왜 싫어? 아빠는 꿈이를 사랑하는데 서운하시겠다."

"코가 길어서."

마치 '아빠 코가 길기 때문에 아빠가 싫다.'로 판단될 수 있는 이대화는 사실 꿈이의 거짓말 놀이였다. 피노키오가 거짓말을 해서 코가 길어진 것이 밥 먹다 말고 갑자기 생각나 아무 거짓말이나 하고는 '코가 길어진다.'라고 표현한 것. 처음에 엄마가 '코기 길어져.'의 발음을 잘 알아듣지 못하자 스스로 본인의 코를 손으로 쭉쭉 잡아당겨 코가 새빨개지고 말았는데 그 모습이 너무 귀여워서 깔깔거리고 웃어버렸다.

"그렇지. 거짓말을 하면 피노키오처럼 코가 길어져. 장난치는 것도 재미있지만 거짓말을 하면 안 돼."

귀엽고 사랑스러운 꿈이의 모습에 '거짓말은 절대 안 돼!'라고 단호하게 말하기보다는 부드럽게 말하긴 했지만 거짓말을 하는 건 안될 일인데 참 어렵긴 하다.

나는 평소에 소파에 이불을 덮고 앉아 있는 경우가 많다. 밤 시간에 아이를 재우고 나면 안방에서 이불을 끌고 나와 소파와 한 몸이 되는데, 요 며칠 아이가 잠을 안 자고 장난을 치려고 해 "그러면 꿈이는 오늘 혼자 자요. 엄마는 밖에 있을래요." 하고 소파로 나오곤 했다. 하루는 그 뒤를 졸졸졸 따라 나온 꿈이가 "엄마 곤쥬님."이라고 말을 했다. 꿈이가 화가 난 엄마를 녹이려는 필살 애교를 펼친 줄 알았는데 이불로 다리를 꽁꽁 싸맨 모습이 어린이집에서 보고 온 인어공주와 비슷했던 것 같다. 이유가 어찌 됐든 '곤쥬님'이라는 단어 자체에 녹아버리자 꿈이는 그 후로도 하루에 몇 번씩 "엄마는 곤쥬님!" 하고 외쳐대더니 이제는 '곤쥬님' 발음이 정말 훌륭하다.

"엄마는 공주님이고 꿈이는 왕자님!"

맞벌이를 하는 부모님 밑에서 자란 우리 자매는 TV와 함께하는 시간이 많았다. 특히 일요일 아침과 낮에 방영되던 만화 영화를 참 좋아했는데 책을 좋아하는 언니와는 달리 누군가 환경을 조성해줘야만 책을 읽던 나는 대다수의 전래 동화를 '은비까비의 옛날옛적에'와 같은 프로그램을 통해 알게 되었다.

그런데 요즘 아이들은 그런 전래 동화를 잘 읽지 않는 건지 학교에서 수업하다 보면 《콩쥐팥쥐》와 같은 기본적인 동화조차 잘 모르는 아이들이 많이 있다. 나는 전래 동화 특유의 '권선징악'을 절대적으로 믿지는 않지만, 아이들은 어느 정도 그러한 믿음이 있어야 한다고 생각하기 때문에 꿈이가 그러한 전래 동화를 잘 알았으면 좋겠다. 그런데 안타깝게도 시중에 나온, 그림체 예쁘고 인기 많은 전집들은 창작 동화나 자연 관찰이 주를 이루고 있으며 전래 동화 그림체 자체는 어른인 내가 봐도 재미가 없고 어둡다.

아이가 '공주님, 왕자님'에 대해 호감을 갖는 것 같아서 가끔 공주님이 나오는 전래 동화 또는 동화 뮤지컬을 보여주곤 하는데, 옛날 이야기이다 보니 도시에서 볼 수 없는 산, 바다, 계곡과 같은 자연환경이 많이 나와 관련된 어휘도 노출할 수 있어 만족하며 몇 번이고 보여주고 있다. 다만, 남들은 어떻게 생각할지 모르겠지만, 종종 이상한 스토리에 헉하고 놀랄 때도 있다. 가령 '서동요'. 이거 분명히 수능에도 나올 만큼 문학적으로도 중요한 가치가 있는 이야기였던 것 같은데 사실 요즘 세상에 이러면 잡혀가는 것 아닌가.

그래서 이렇게 이상한 이야기가 나올 때면 다 듣고 난 후 "꿈이야, 저건 옛날이야기야. 요즘 세상에 저러면 큰일 나."와 같은 이야기를

우리 아이가 말이 늦어요

해주기도 한다. 알아듣는지는 잘 모르겠지만.

'피노키오, 곤쥬님' 일화를 기록했을 때는 아이가 막 44개월에 진입했을 무렵이었다. 45개월째의 기록을 보면 한 달 사이 꿈이는 또 부쩍 커서, 아빠가 일주일간 출장 간 어느 날 '신데렐라는 어려서 엄마 아빠 없고요.' 하는 노래를 부르며 울기도 했고, 계모와 언니들이 신데렐라를 괴롭히는 장면에서는 "계모와 언니들에게 구박을 받고 있어요."라고 말하기도 했다. 인어공주가 물거품이 되는 결말에 꽂혔는지 한동안 양치를 하다 거품이 하수구로 들어가는 걸 매우 심각하게 거부하기도 했고 블록으로 집을 만들며 아기 돼지 삼형제에 나오는 노래를 부르기도 했다.

이 영상들은 보는 시기에 따라 효과도 저마다 다른데 처음 보여줬을 때에는 단순히 말을 따라 하고 새로운 어휘를 배우는 장점이 있었다면, 요즘은 '왜'라는 질문과 관련된 효과를 얻고 있다.

"왜요, 왜요, 왜 코가 길어져요?"

"거짓말을 하면은 코가 길어진다~."

"왜? 왜? 왜 짚으로 집을 지어?"

"가벼우니까~ 가벼우니까~."

흥겹게 나오는 노래들을 통해 자연스럽게 '왜'와 그에 대한 대답을 익히는 것이다. 말문이 폭발적으로 트이는 1단계인 '이거 뭐야'

를 통해 아이들은 기본적인 어휘를 익히고 인지가 향상된다고 한다. 그 2단계인 '왜'를 통해 디테일이 완성된다고 하는데 꿈이도 영상을 통해 '왜요' 병이 걸릴 수 있게 열심히 노래를 불러주기도 하고 일상생활에 적용해봤다.

아기의 성향에 맞게 흥미로운 요소를 제공해주면서 양육자의 바람이 담긴 언어 활동을 해보는 것만큼 효과적인 방법은 없다. 우리 아기가 '왜요' 병에 걸리지 않아 걱정이 된다면 '왜요' 병이 걸릴 수 있는 환경을 만들어줘야 한다.

부정어 출현

꿈이 친구 중에 어른 못지않게 말을 잘하는 아이가 있다. 돌 전후 폭발적으로 어휘량이 증가하는 것 같더니 18개월쯤 오랜만에 만난 자리에서 나를 보고 "낯선 사람이 나타났다."라고 외치며 뛰어다녀 깜짝 놀랐던 기억이다. 그 당시 꿈이는 엄마, 아빠만 해줘도 감사한 수준이었으니 꿈이에 대한 걱정도 있었지만 이미 '넘사벽'이라는 생각도 강했다. 그 아이가 돌 전후 가장 많이 썼던 말은 '아니야.'와 '싫어.'였던 것으로 기억한다. 워낙 똑똑하고 자기표현을 잘 하는 아이라 '아니야.'와 '싫어.'를 외치며 엄마를 힘들게 하는 모습 또한 신기하고 부럽게 느꼈다. 꿈이는 그로부터 오랜 시간이 지나도록 '아니야'나 '싫어'와 같은 말은 입에도 담지 않았다.

꿈이가 처음 썼던 부정 표현은 '안 먹어.'였다. 밥 먹기 싫은데 자꾸 입 앞에 수저를 들이대는 엄마에게 무슨 말이라도 해야겠다 싶

147

었는지 "으음 으음" 수준의 표현을 하던 꿈이가 단호하게 "안 먹어."
라고 외쳤을 땐 기특하고 놀랍기도 했지만, 한 번 트인 입에 재미가
있었는지 '싫어 싫어 안 먹어~'하며 매일같이 노래를 부르기 시작
하니 머리끝까지 화가 나는 날이 하루 이틀이 아니었다. 그마저 몇
달 지난 지금은 추억이다. 둘째는 더 안 먹으니.

어쨌든 꿈이는 '안 먹어.'라는 말을 한 다음에는 '아니야.'라는 말
을 이용하여 부정 표현을 했다. 그 당시에 내가 적어놓은 기록에 의
하면 "꿈이야, 잠 잘 시간이야."라고 말하는 나에게 "꿈이 쿨쿨 아니
야."라고 말하거나 "아기띠 해줄까?"라는 말에 "아기띠 아니야. 동
생 아기띠!"라고 대답하곤 했다.

이때가 38개월이다. 나는 40개월까지도 꿈이를 아기띠에 재웠는
데 그땐 13kg도 되지 않아 가벼운 편에 속하긴 했지만 이건 '아, 좀
아니지 않나.' 하는 생각도 많이 했다. 과거의 나는 이 모습에 '문장
으로 말하는 기특한 아기'라는 메모를 적어놓았다. 세상에, 너무 '엄
마 엄마' 하다.

아무튼, 어느 날 갑자기 튀어나온 부정 표현을 보며 아기가 의사
표현의 의지를 보인다고 판단하여 그다음엔 한동안 '모르는 척하
기' 전략을 펼쳤다. 장난감 수납장의 가장 높은 곳에 올려놓은 자동
차를 꺼내고 싶어 하는 꿈이를 보며 분명 '빨간 자동차'를 꺼내고 싶

어 한다는 것을 알아차렸지만 '노란 자동차'를 꺼내며 "이거?"라고 말을 하면 "아니야."라고 말을 하기도 하고, 만약 아무 말도 하지 않고 바라만 보고 있다면 "노란 자동차 아니야?"라고 말을 유도하기도 했다. 엄마가 바로 빨간 자동차를 꺼내줬던 것이 오래전의 나의 모습이었다면 어떻게든 말을 걸고 이어나가려는 모습으로 바뀐 것이다. 덕분인지 꿈이도 '음소거' 기능을 없애고 시끌벅적한 모습을 나타내기 시작했다.

아기 언어치료에 관심을 갖기 시작할 무렵 배 속에 있던 둘째는 어느덧 세상에 나온 지 18개월이 되었다. 형님이 있어서 그런지 발달이 빠른 우리 둘째는 '아니야' 병에 걸린 지 꽤 오래됐다. 만약 꿈이와 둘째의 출생 순서가 달랐다면 내가 38개월까지 우리 꿈이의 '아니야.'를 기다려줄 수 있었을까? 누군가는 자연스럽게 내뱉는 말 한마디 한마디가 너무나도 어려웠던 우리 꿈이, 예쁜 말만 할 수 있는 아기로 자라나도록 엄마가 도와줄게!

무발화 아이가 수다쟁이가 되기까지

어떻게 보면 꿈이는 무발화 아동이었다. 대개 말을 하지 않는 아동, 말이 트이지 않은 아동을 '무발화 아동'이라 칭하는데 꿈이는 무발화 기간이 너무나도 길었던 셈이다. 돌이켜 보면 무발화 기간에 끊임없이 자극을 줬어야 했는데 꿈이에게 말을 걸다가도 대답이나 행동이 돌아오지 않으면 혼자만의 시간을 줘버린 게 아이의 침묵이 장기화된 원인인 것 같다. 꿈이는 무발화 아동에 딱 들어맞는 아이는 아니다. 그래서 내가 더 안일하게 생각했을 수도 있겠다. 말을 하는 것도 아니고 안 하는 것도 아닌 이 기나긴 시간 동안 '언젠가는 말하겠지.'라는 생각만 하고 있다가 월령의 앞자리가 3으로 변하면서부터 조금씩 조급해지기 시작했다.

꿈이를 수다쟁이로 만들기 위해 이런저런 활동을 했고 효과를 본 여러 가지 사례를 소개하고 있지만 그중 말이 아예 트이지 않았던 시기에 말문을 여는 데 효과적이었던 사례를 소개하고자 한다.

"엄마 해봐."라고 말해도 '엄마'라고 절대 따라 하지 않던 꿈이가 재미 삼아 혼자 말을 한다고 판단된 가장 오랜 기억은 '에취'이다. 둘째 출산이 임박했을 무렵 보여주던 영상에서 '클리니'라는 캐릭터가 강물에 빠져서 '포스티'의 신고를 받고 출동한 구조대에 의해 안전하게 구조되는 장면이 있었다. 클리니는 구조 직후 '에취' 하는 귀여운 기침 소리를 내는데 꿈이는 그게 인상적이었는지 그 영상을 볼 때마다 클리니보다 한발 앞서 '에취'라고 흉내를 냈다. 그 시기, 영상을 보여주는 상황을 열심히 합리화하면서도 '영상 때문에 꿈이가 잘못되면 어쩌지?'라는 생각에 전전긍긍했는데 그런 불안한 마음도 꿈이의 '에취' 하는 소리에 녹아내렸던 기억이 있다.

꿈이는 왜 하필 에취에 빠졌을까? 간단하다. 그 발음이 재미있기 때문이다. 아이의 에취에 녹아버린 엄마 아빠는 툭하면 아이 앞에서 "에취"라며 애교를 떨어 보였고 아이도 "에취"하며 응답해줬다. 쉽고 재미있는 소리를 따라 하며 말을 트여보면 어떨까 싶어 옹알이단계의 아이를 대하듯 온갖 의성어, 의태어를 들이대봤다. 이 당시 아기들이 보는 의성어 동시집을 구입했는데, 함께 책 읽기는 아이가 별로 좋아하지 않았고 대신 엄마가 책을 여러 번 읽어보며 의성어, 의태어를 몸에 익혔다.

자동차 놀이를 할 때는 '바퀴가 데굴데굴' 굴러갔다는 표현을, 어린이집에 갈 때는 '씽씽 킥보드를 타고 가자.'는 표현을, 색칠 놀이를 할 때는 '알록달록 여러 가지 색깔로 칠해보자.'는 표현을, 비타민을 먹을 땐 '새콤달콤한 맛'이라는 표현을 하며 꿈이가 말 자체에 더 집중하도록 했다. 이러한 노력이 하루아침에 결실을 맺진 못한다. 이 시기의 꿈이는 아직 '데굴데굴, 씽씽, 알록달록, 새콤달콤'이라는 발음을 할 수 없었기 때문이다. 그러나 어느 날 갑자기 튀어나온 그 단어를 주변에서 알아주고 놀라워했을 때 꿈이의 언어 자존감은 더 높아지고, 완벽하지 않아도 됨을 인식한 것으로 보인다. 꿈이는 요즘도 그냥 별을 가리키지 않고 '반짝반짝 별'을 가리키고, 세모는 언제나 뾰족뾰족 세모, 네모는 언제나 반듯반듯 네모라고 표현한다.

하루는 아빠와 꿈이가 비행기를 조립하는데 꿈이가 갖고 놀던 아주 작은 비행기 바퀴 하나가 사라져서 비행기가 완성되지 못할 위기에 처했다.

"꿈이야, 비행기 바퀴 어디 갔어?"

"저~기 데굴데굴 굴러갔어."

꿈이와 의사소통을 하니. 대화로 문제를 해결하다니! 꿈이의 말대로 바퀴는 소파 밑으로 데굴데굴 굴러가 있었다. 아직 미숙한 '굴러가다'의 발음이 '데굴데굴'을 만나지 못했다면 엄마 아빠는 '귀써'

에 더 가까운 이 말을 알아듣지 못해 바퀴는 소파 밑에서 오랜 시간 방황했을 텐데 아이의 꾸밈말 덕분에 빨리 돌아올 수 있었다.

무발화에서 벗어났다는 것은 단순하게도 아이가 어떤 말이든 자발화를 하는 순간에 판명 난다. 물론 시도 때도 없이 '에취'를 하여 아무 의미 없는 말을 했던 부분은 자발화와 크게 관련 있다고 할 수 없지만, 이로 인해 어떤 말이든 자기가 표현해보고자 하는 욕구가 생겼으니 어떤 말이든 자기가 할 수 있는 말을 내뱉고 인정받고 확장시켜나가다 자발화의 빈도가 높아졌다는 것에서 꿈이의 결정적 시기를 놓치지 않았음에 감사한다.

이렇게 아이가 무언가를 표현하고자 할 때 주변 사람들이 전혀 호응을 해주지 않거나 심지어 '무슨 말이야?' 하는 식의 무시하는 모습을 보이면, 특히 그것이 어린이집 친구들이나 선생님이라면 아이의 무발화 기간이 더 길어지고 학교 입학 후 학습과도 연관되는 경우도 있다고 한다. 근무 중에 만났던 학생 중에 '선택적 함구증'과 유사하게 유치원까지는 말을 했는데 초등학교 입학 후 전혀 말을 하지 않는 학생이 있었다. 그 친구 역시 비슷한 상처가 있었을 수도 있겠다 싶다. 다행히 꿈이는 주변에서 많이 도와주고 응원해줘서 엄마 아빠만 잘하면 된다는 생각이 들어 아기의 발음 문제를 해결할 만한 공부도 병행하고 있다.

아이에게
도움이 되었던 영상

뽀로로와 친구들

　뽀통령이라고 불릴 정도로 아기들에게 인기 있는 이 영상은 재미 있는 말투와 에피소드로 흥미를 유발합니다. 다만 친구들끼리 다투는 일이 많이 있고 '저 친구들은 도대체 부모님은 어디 있고 저기 모여서 사는 거지?' 하는 동심 파괴적인 의문이 가득 남아 아기가 다른 영상으로 갈아탈 때 재빨리 끊어냈었죠. 일상 언어 표현과 동물 이름, 날씨 상황에 관한 대화를 하기 좋습니다.

똑똑박사 에디

　뽀로로의 라이벌 에디가 주연을 맡은 영상. 똑똑박사 에디는 모양, 숫자, 색깔, 위치 등 아기가 알아야 할 어휘를 잘 담아내고 있습니다. 내용의 기승전결이 확실하여 개인적으로 좋아하는 콘텐츠입니다. 각각의 에피소드별로 배운 내용을 노래로 정리하는데 노래가 쉽고 흥겨워 영상을 끄고도 멜로디에 맞춰 대화를 이어나갈 수 있습니다.

한글 노래

핑크퐁, 뽀로로 등 다양한 버전의 한글 노래가 있는데 아기 어휘 익히기에 도움이 됩니다. 주 목적은 한글 익히기였겠지만 우리 아기는 이 영상을 통해 '마법사', '바다' 등의 다양한 어휘를 익혔어요. 버전에 따라 길이가 다른데 개인적으로는 가에서 하까지 한 글자에 한 곡의 노래가 나오는 20분 분량의 콘텐츠를 추천합니다.

어린이집 동요

워낙 노래를 좋아하는 아기라 유튜브에서 검색한 '어린이집 동요'를 틀어놓고 생활을 해왔는데, 노래와 영상이 재미있어서 아기가 집중해서 보고 노래도 곧잘 따라 했어요. '커다란 수박 하나 잘 익었나 통통통' 하는 가사가 나오는 〈수박 파티〉라는 동요를 듣고 지낸 아기가 여름이 되어 직접 만난 수박 앞에서 노래를 완곡할 때의 기쁨이란. 어릴 때 들어오던 추억의 노래도 있고 처음 들어보는 노래도 있지만 동요 자체가 가져다주는 정서적 교감을 나눌 수 있습니다.

동화 뮤지컬, 전래 동화

처음에는 긴 책을 읽어주긴 부담이지만 옛날이야기를 들려주고 싶은 마음에 동화 뮤지컬을 검색하여 들려줬어요. 그런데 아이는 어느 순간 그 동화 뮤지컬을 암기해내고 있는 듯합니다. 특히 "꿈이야, 정리하고 어린이집 가자."라고 말하는 엄마를 뒤로하고 "키즈캐슬 동화 뮤지컬 시작해볼까요? 옛날 옛날에 마음씨 착한 신데렐라가 살았어요. 신데렐라, 청소해!"라고 외치는 아이의 모습에 울어야 할지 웃어야 할지. 동화 뮤지컬을 너무 자주 봐 지겨워하는 것 같아 전래 동화도 검색해서 틀어주곤 하는데 어쨌든 꿈이는 음악이 함께하는 이야기를 즐겨 봅니다. 고전과도 같은 이런 이야기들을 통하여 권선징악의 교훈과 더불어 언어도 익힐 수 있습니다.

장난감 소개 영상

이름난 유튜버들 영상 중 장난감을 소개해주는 영상이 있습니다. 아기를 키우기 전에는 그런 영상은 도대체 왜 보는 걸까 하는 의문을 가졌죠. 둘째 아기가 밥을 너무 안 먹어 영상을 보여줬는데 혼자 아무렇게나 누르다가 자꾸만 특정 영상을 반복해서 보기에 함께 보다 보니 저도 그 매력에 빠져버렸습니다. 다만 교육자의 시선에서 그 영상 속 유튜버의 태도가 썩 마음에 들진 않지만, 장난감을 소개하며 구체적인 명칭을 하나하나 짚어주기도 하고 소개가 끝난 후 역할 놀이를 하는 모습을 보여주기도 하는데 언어 발달에 좋다는 역할 놀이에 계속 노출되다 보니 어느 순간부터 우리 아기도 혼자 역할 놀이를 하기 시작했어요.

색깔 소개, 모양 소개 영상

유튜브에서 아기 영상을 보다 보면 줄줄이 소시지로 관련 영상들에 노출됩니다. 외국 영상들 중 아기들이 좋아하는 자동차가 미끄럼틀을 타고 내려가다가 출렁이는 페인트에 빠지고 'red' 하며 마무리되는 아주 단순한 영상들이 있습니다. 비슷한 버전이 아주 많은데 차 색깔을 소개해주기도 하고 모양 이름을 소개하기도 하죠. 엄마가 해설가가 되어 "자동차가 있네, 자동차가 미끄럼틀을 타고 내려간다. 빨강 페인트에 빠졌어. 빨강!" 하고 우리 버전으로 말해주면 아기가 어느 순간 그 영상과 관련된 어휘를 스스로 말할 수 있습니다.

꼬마히어로 슈퍼잭

우연히 알게 된 꼬마히어로 슈퍼잭 영상은 처음엔 그렇고 그런 만화인 줄로만 알았습니다. 아기들 밥을 준비하며 잠깐잠깐 보여줬던 영상이라 내용을 전혀 몰랐기 때문에 사실 처음엔 거부감마저 있었죠. 그러다 우연히 함께 보게 됐는데 홀딱 반해버렸어요. 슈퍼잭은 악당들에게 맞서 싸우다 힘이 안 날 때 '슈퍼 냠냠 파워'를 위해 엄마 아빠가 정성껏 요리해준 음식을 먹고 악당들을 물리칩니다. 코코몽과 비슷한 설정인데 꿈이 월령이 높아지며 슈퍼잭이 더 코드가 잘 맞는지 열심히 보기도 하고 밥을 먹지 않을 때 슈퍼 냠냠 파워로 유혹하기도 하니 일석이조 효과도 얻었죠. 더불어 슈퍼잭이 친구들과 겪는 일상이 딱 꿈이 나이대에 겪을 수 있는 일이니 추피 시리즈처럼 아기들의 일상을 담고 있어 아기 언어에도 큰 도움이 됩니다.

바다나무 ABC

파닉스 영상입니다. 아기에게 영상 노출을 시켜주지 않는 가정이라도 영어 교육에는 관심이 많아 영어 영상은 보여주는 경우가 대부분입니다. 바다나무ABC는 매우 단순한 영상입니다. 예를 들어 A는 "a, a, apple" 하는 말이 2번 정도 나올 뿐이죠. 어떤 매력이 아기들을 유혹하는지 모르지만, 우리 아기들, 특히 둘째가 매우 좋아하는 영상입니다. 15개월 무렵부터 어린이집에서 하도 "a, a, apple." 하고 외쳐서 0세반 유행어가 되었다는 소식까지 들릴 정도랍니다. 이 영상을 즐겨보다 보니 어떨 땐 한국어에 이용하기도 해요.

"꿈아, 동생 내복 좀 갖다줘. 내, 내, 내복! 내, 내, 내복!"

아이에게는 변화가 필요하다

엄마 말투의 변화

꿈이 월령의 아이가 말을 얼마나 잘하냐의 척도 중 하나로 '몇 어절로 이어 말하는가'가 있다. 예를 들어 밥을 먹고 싶은 아이가 "밥!"이라고 하는지, "엄마 밥!"이라고 외치는지, "엄마 밥 주세요."라고 말하는지 여부다.

사실 꿈이 월령에만 해당하기보다는 세 돌이 되지 않은 아이들 수준에서 그렇다. 꿈이는 조금 느리지만, 열심히 따라가고 있으니 9개월 늦은 10월생과 비교하자면 말이다. 엄마 말투가 변하기 시작했던 35개월 무렵, 꿈이는 두세 단어를 이어 말하기는 하나, 문장을 말한다고 보기에는 애매한 수준이었다.

넘어져서 다쳤을 땐 "아야."라고 외치고 "여기 아파."라고 말하는 수준 정도. 열심히 책을 읽어도 책에 있는 문장을 모방하기보다는 책에서 울거나 웃고 있는 아이들의 모습을 흉내 내기에 더 취미가 있었다.

"아이가 엉엉엉."

"아야, 하지 마!"

"하하하 호호호."

꿈이는 주로 책 속 주인공들의 감정에 관심이 많았는데, 이때다 싶어 감정 표현을 집중적으로 다룬 소전집을 사서 읽혔다. '속상해요', '사랑해요', '미안해요'와 같은 단순한 제목으로 되어 있는 이 책에는 제법 글 양이 많아 아이가 집중을 못 할 것 같다는 생각도 들었다. 그런데 내용 자체가 친근해서 그런지 엄마 옆에서 열심히 읽기도 했다.

이러한 과정은 모두 동생이 잠들고 난 후(저녁 7시 무렵)부터 꿈이가 잠들기 직전(저녁 8시 무렵)까지 일어나야 하는 활동이었다. 동생이 깨어 있는 시간에 책을 꺼내 들었다가는 책은 동생의 먹이가 되고 말기 때문이다. 실제로 감정 표현 책 중 '속상해요'라는 책은 엄마가 동생을 달래주느라 형아인 주인공을 혼내기도 하고 마음을 몰라줘서 속상하다는 내용인데 동생이 활동하는 시간에 책을 읽다가 처참히 먹혀버렸다(정확히 말하자면 찢겨진 채 동생의 침에 적셔져 뱉어졌다).

어쨌든, 목표하는 내용을 저녁 시간에 수험생처럼 바쁘게 수행하기는 힘들다는 생각에 나는 감정 표현 동화 속 주인공과 같은 말투로 아이를 대하기로 했다.

"엄마는 꿈이가 밥을 먹지 않아서 속상해요."

평소 말투라면 "밥 먹어." 정도, 혹은 "꿈이!" 아니면 "하…." 정도의 깊은 한숨이었을 식사 시간에 무척이나 열심히 떠들어대기 시작했다. 떠들다 보니 확실히 할 말도 많이 생겼다. "고기!" 하고 반찬이름을 외치며 주는 것이 아니라 '먹다'라는 동사도 함께 외치게 되고 "아!" 하고 주문을 외우기보다는 "아, 해요!"라고 말하며 친절한 엄마 모드로 식사 시간을 보냈다.

"꿈이 고기 얌얌 먹어요."

"고기가 맛있어요?"

"꿈이 아 해요!"

"밥이 뜨거웠어요. 엄마가 호호 불어줄게요."

구어체 말투에서 꼬박꼬박 쓰지 않던 조사를 있는 힘껏 갖다 붙이고 문장의 종결을 확실히 지켜내며 말을 하다 보니 나중에 학교에서 이런 말투를 쓰다간 학생들에게 놀림감이 되고 말겠다는 생각이 들었지만 꿈이가 유창하게 말을 잘하게 될 것이라는 믿음으로 열심히 이야기했다. 말투가 바뀌고 나니 육아도 왠지 재밌어진 느낌이었다.

복직의 그날을 기다리며 저녁 때쯤 '아이 얼른 재워야지.'라고 생각하는 일상의 반복이었는데, 마치 텅 빈 공간에서 라디오에 대고 대화하는 사람처럼 혼자 떠들다 보니 '사람과 대화하는 느낌'이 조금, 아주 조금 들었다. 이 느낌을 남편에게 이야기하니 "꿈이는 평소에도 사람이었어."라고 말을 했지만, 육아를 하는 사람들은 이 말이 어떤 느낌인지 알 것이다.

"엄~마!", "아 잘했어요!"라는 말만 종일 쓰다가 조금 더 사람 같은 말을 하게 된 것이 육아에서 얼마나 숨통 트이는 일인지. 꿈이의 언어가 조금 더 발달해서 정말 사람 같은 대화를 하게 되는 그날이 온다면 얼마나 행복할까? 그리고 그땐 꿈이와 둘이서 손잡고 다니느라 복직의 그날을 뒤로 뒤로 미루고 싶을까?

아이가 말이 늦는다고 안 듣고 있다고 생각하면 절대 안 된다. 아이들은 표현이 늦을 뿐이지 24시간 내내 세상 모든 소리를 듣고 있기 때문이다. 말이 트일 무렵 우리 아이는 한동안 "아이 진짜."라는 말을 했다. 대화를 할 만큼 말이 트이지 않은 아이가 "아이 진짜"라는 말을 하다니 처음에 나는 밖에서 형아들이 하는 말을 듣고 배웠다고 생각했는데 내가 집에서 종종 "아이 진짜"라는 말을 하고 있는 게 아닌가. 순간 정신이 번쩍 들어 우리 아이가 "아이 진짜"라는 말을 할 때 "아이 진짜 아니야, 아이 참이야."라고 말했고 우리 부부 모두 "아이 진짜"가 나오려는 타이밍에 "아이 참" 하고 말하기도 한다.

나는 꿈이가 다정하고 부드러운 말투의 소유자가 되길 바란다. 아닌 것 같지만 엄마 아빠가 다정하게 대화를 나눌수록, 아이 말투는 부드러워지고 엄마 아빠가 날 선 대화를 많이 할수록 아이 말투는 날카로워진다. 육아 스트레스가 많은 날, 더욱더 마인드 컨트롤이 필요한 이유다. 엄마 아빠가 모두 욱순이, 욱돌이이기 때문에 욱기운이 한가득인 우리 집은 아기의 바른 언어생활을 위해 이런저런 작전을 세웠다.

'욱 기운'이 감지될 때 물 마시기, 바람 쐬러 가기, 상대방에게 인지시키기(평소 반말을 하는 사이지만 욱 하려고 할 때 존댓말을 하며 상대방에게 주의 주고 있음), 솔직한 감정 이야기하기 등. 남편은 때때로 "내가 오늘 꿈이가 밥을 안 먹어서 머리끝까지 화가 났는데 화를 내지 않았어."라고 말하며 공치사를 남발하기도 하는데 우리 부부의 정신 건강과 우리 아기의 언어능력을 위해 바람직한 변화라고 할 수 있다.

야매 구강 운동

조음치료에 대한 자료를 찾던 중 눈에 들어온 것은 구강 운동이었다. 고기를 안 씹어 근육 발달이 느려 발음이 안 된다고 굳게 믿는 엄마이므로, 꿈이에게 구강 운동은 필수라는 생각이 들었다.

비록 우리 아이가 '조음음운장애'라는 진단명을 갖고 있지는 않지만, 그리고 그 진단은 언어능력보다는 다른 부분에 어려움을 갖고 있어 생기는 경우가 일반적이라 하지만 이것도 저것도 아이에게 필요하다고 판단되면 일단 해보는 것이 엄마표 언어치료의 장점이 아닌가.

그리하여 집에서 간단히 행할 수 있는 구강 운동은 어떤 것이 있을지를 찾아 마음에 드는 활동으로 쏙쏙 뽑아 적용해봤다. 무엇을 하든, 지속적이고 꾸준한 연습이 필요하다고 하는데 내가 그 꾸준함 부분이 매우 부족한 사람이라 쉽고 간단하고 재미있는 부분만 택할 수밖에 없었다.

전문적으로 구강 마사지 프로그램을 진행하는 경우에는 그 기간과 빈도에 맞게 적절한 프로그램을 계획하고 회기별로 세분화하여 실시하는 것으로 보이나, 나는 자기 전 아이와의 교감 활동 중 틈나는 대로 수행하고 있다.

아이와 자기 전에 열심히 추피를 읽어줘야 하므로 시간은 그리 길지 않다. 하지만 아이가 구강 마사지 도중 그윽한 눈빛으로 나를 바라봐주기도 하고, 뜬금없이 사랑 고백을 하며 뽀뽀를 해주기도 하므로 이 구강 운동이 아이의 언어 발달에 직접적인 영향이 없다 하더라도 손해 볼 것이 없었다.

인터넷 속 구강 운동 자료들은 볼, 입술, 턱, 혀로 아이의 조음기관을 나눠 소개하고 있지만 나는 전문가가 아니므로 이러한 활동들이 있구나 하는 수준에서 아이와의 스킨십을 진행해봤다.

1. 볼 근육 강화 구강 운동

볼 문지르기, 두드리기, 볼 근육 꼬집기, 자극하기, 부풀리기, 빨대 빨 듯 볼을 안쪽으로 당기기, 휘파람 불기와 같은 활동이 있다. 이를 위해 나는 아이 로션 바르기 시간과 음료 마시는 시간을 활용했다. 목욕 후, 어린이집 등원 전 로션을 바를 때 그동안 나는 세상 전투적으로 로션을 발라줬지만 조금 더 섬세한 손길로 아이 볼을 동그랗게 문질러주기도 하고, 톡톡 두들겨주기도 했다. 마치 연예인 피부 관리법을 따라 하듯 오랜 시간 동안 얼굴에 로션을 발라줬다.

볼 두드리기, 볼 근육 꼬집기와 같은 활동은 재미가 있어 자칫 어린이집에서 다른 친구들에게 적용할 수도 있을 것 같아서 거울보기 놀이를 하듯이 "엄마 따라 해봐."라는 말과 함께 진행했다. 볼 자극하기는 얼음같은 것으로 양 볼을 자극하는 활동이지만 의도적으로 얼음 자극을 하기보다는 음식으로 대체했고, 볼 부풀리기, 볼 안쪽으로 당기기 역시 거울 놀이를 하듯 진행해봤다.

빨대 빨듯 볼을 안쪽으로 당기는 활동에 착안하여 풍선을 함께 불거나 피리, 호루라기를 불며 볼에 공기를 불어넣어보는 활동도 아이에게 흥미로우면서 효과적이었다. 풍선을 불고 나면 한참 동안 갖고 놀이도 할 수 있고 '위, 아래, 던지기, 받기' 등의 말도 익힐 수 있어 강력 추천한다.

2. 입술 근육 강화 구강 운동

입술 인식, 오므리기, 다물기, 물기, 당기기, 입꼬리 당기기의 활동을 할 수 있다. 입술 오므리기는 빨대를 물고 물건을 옮기는 활동으로 하는데, 사실 나는 그냥 평소에 빨대로 음료를 하루 2~3팩 마시므로 그것으로 대체했다. 기회가 된다면 '놀이 육아'식으로 빨대로 물건 옮기기 게임을 진행해봐도 좋겠다는 생각은 들지만 아직 해보진 않았다.

입술 다물기는 자기 전에 엄마 표정을 따라 해보라며 입을 다물고 내밀거나 일자로 만들기도 하고, '아-에-이-오-우'와 같은 말을 함께 따라 해보기도 했다. 그리고 자기 전 항상 들려주는 〈섬집아기〉나 〈동그라미〉와 같은 노래를 가사 없이 허밍으로 불러주며 함께하도록 유도하기도 했다.

입술 물기는 단추나 설압자를 물고 유지하는 활동인데, 평소에 비타민을 주면 한참 동안 물고만 있는 아이의 특성상 패스하기로 했다. 당기기와 같은 경우는 '이' 발음을 하거나 아랫입술을 안쪽으로 무는 활동에 해당하는데 '이' 발음을 다물기 활동에서 진행하므로 한 걸로 치고, 입꼬리를 당겨서 웃는 표정 연습으로 대체했다. 이 활동 덕분인지 꿈이는 "사진 찍을게, 웃어!" 하면 입꼬리를 잔뜩 당겨 로봇처럼 웃어 보이곤 한다.

3. 턱 부분 강화 구강 운동

턱 인식하기, 턱 올리기, 턱 내리기, 턱 물기, 턱 고정하기와 같은 활동이 해당된다. 무언가를 씹는 활동이 턱 인식하기에 해당하며,

'혀' 부분에서 사탕 먹는 척하는 활동과 합쳐서 무언가를 씹는 활동으로 진행했다.

턱 올리기, 턱 내리기와 같은 활동은 '이'나 '아'와 같은 발음을 하며 턱을 올리거나 내리게 하는 활동인데 자기 전에 하기보다는 양치할 때 하면 효과적이다. 꿈이는 칫솔을 너무 씹어 먹어서 최근에 전동 칫솔로 바꿨는데 칫솔모가 움직이다 보니 칫솔을 씹는 것보다 입 모양에 더 집중하게 되어 양치와 구강 운동 모두에 도움이 됐고, 전동 칫솔을 이용해 은근히 볼 안쪽 근육을 자극해주기도 한다.

4. 혀 부분 강화 구강 운동

혀 인식, 혀 내밀기, 혀 누르기, 혀끝으로 저항하기, 혀 올리기, 연구개 자극하기 등의 활동이 있고, 혀는 세분화하여 활동하기보다 설압자를 이용하는 활동들은 배제한 채 칫솔질할 때 살짝 눌러주거나 자극하는 활동, 혀를 차는 활동 등을 진행했다.

'나는 지금부터 너의 구강 운동을 위한 시간을 가질 거야.'라는 마음으로 아이에게 다가가면 아무것도 진행할 수가 없어 갑자기 생각난 일인 양 아이와 이런저런 놀이를 하는 것이 가장 중요하다. 찾아본 자료에는 안 되는 부분을 집중적으로 진행하라는 문구가 있었지만 나는 전문가가 아니므로, 조금씩 조금씩 다듬어주기로 했다.

꿈이가 잘되지 않는다고 생각하던 'ㄴ' 발음이나 'ㅅ' 발음을 위해 혀를 이용한 활동이 조금 더 필요하다는 판단이 들어 함께 메롱놀이를 하거나 둘째를 재울 때 함께 '쉬' 하는 소리를 내며 아이가 자기도 모르게 자극될 수 있도록 구강 운동을 진행하고 있다.

나는 아이와 두 눈을 마주치며 서로의 표정에 집중하는 이 구강 운동 시간이 참 좋다. 함께 볼을 만져보기도 하고 웃음 짓기도 하며 오늘 하루도 서로가 서로를 더 사랑하게 되는 느낌이 드는 시간이다.

설압자가 무엇일까?

설압자는 말 그대로 '혀를 누르는 도구'다. 혀를 누르고 고정하는 데 쓰는 이 의학 도구는 아이스크림 막대기 같이 생겼는데 소아과 진료 시 아이들의 목 상태를 체크하기 위해 혀를 눌러줄 때 이용되는 스테인리스 도구가 바로 설압자다. 나무 재질과 스테인리스 재질이 대부분이지만 과일 향이 나는 설압자도 있다고 한다. 아마 과일 향이 그나마 아이들 언어치료에 쓰기 좋을 것 같다.

아이 발음이 영 시원찮은 것 같아서 설압자를 활용해볼까 하여 언어치료 관련 커뮤니티에서 살펴보니 엄마가 직접 하는 경우에는 설압자에 초코

시럽 같은 달달한 물질을 묻혀 아이 혀에 문질러주기도 한다고 한다. 아무래도 아이들이 설압자로 혀를 누르는 행위 자체에 거부감을 느낄 수 있기 때문에 미끼가 될 만한 무언가가 필요할 테니 좋은 아이디어다.

설압자를 이용하는 궁극적인 목적은 혀의 안 쓰는 근육을 사용하기 위함이므로 시럽을 묻힌 설압자를 아이의 입 앞에 두고 혀끝만을 이용하여 반복적으로 핥게 하는 방법을 적용할 수도 있다. 꿈이의 경우 본격적으로 설압자를 이용하진 않고 아빠가 좋아하는 하드형 아이스크림을 혀끝으로 찍어 먹는 활동을 선행했는데, 시키지 않아도 차가운 아이스크림을 스스로 혀끝으로 찍어 먹는 활동을 되풀이하며 본의 아니게 혀 운동을 해보게 되었다.

아이와 부모의 대화가 가능한 경우에는 부모가 지령을 내리고 아이가 그 지시에 따라 설압자를 밀 수도 있다고 한다. 예를 들어 설압자를 혀끝에 대고 "막대기를 밀어봐."라고 말하고 5초 정도 지속하도록 하면 혀끝을 올리는 기능을 강화시켜줄 수 있다. 마찬가지로 혀 측면을 누르며 "오른쪽으로 밀어봐, 세게 밀어봐."라는 식의 방법으로 혀의 측면 운동도 할 수 있으며 혀 아래에 설압자를 두고 혀를 아래 방향으로 누르게 하는 활동은 혀의 중간 근육을 쓰는 데 효과적이다.

설압자에 대해 찾아보던 중 설압자 없이도 아이와 놀이식으로 할 수 있는

혀 근육 운동을 찾아내어 직접 함께해봤다. 아직은 아이인지라 다소 산으로 가긴 했지만 꿈이가 즐거워하여 더없이 좋은 방법이었다. 인터넷 자료에서는 미쯔같은 크기의 과자를 이용했다고 했지만 꿈이는 곰돌이 젤리로 해봤는데 활용 방법은 너무 단순하다.

혀 위에 올려두고 오래 버티기 시합이다. 젤리 2개를 꺼내어 꿈이 혀 위에 하나, 엄마 혀 위에 하나를 올려두고 오래오래 떨어뜨리지 않고 버티면 꿈이에게 젤리를 하나 더 주겠다고 말하며 진행했다. 당장 눈앞의 유혹을 잊지 못한 채 꿈이는 몇 초 버티지 못하고 먹어버리긴 했지만 사실 그게 혀로 버티는 힘이 부족하여 떨어진 것 같은 느낌도 들어 젤리를 줄 때마다 자주 활용해봐야 겠다는 생각이 들었다.

다른 방법으로는 '메롱 오래하기' 같은 활동도 있었는데 메롱 자체가 너무 쉬운 활동 같지만 꿈이가 의외로 오래 버티지 못하여 깜짝 놀랐었다.

설압자로부터 시작된 혀 운동에 대한 엄마들의 아이디어는 광장히 많았는데, 그 중 쉽게 접근할 수 있는 또 다른 활동은 '이 훑어내기'이다. 사실 뭐라 명명해야 할지 모르는 이 활동은 대부분의 성인들에게 매우 친숙한 활동이다. "내 이에 뭐 꼈나?"하며 혀를 이용하여 이를 쓸어보는 활동. 단순하고 아무것도 아닌 이 활동이 혀뿌리부터 혀끝까지의 근육을 사용하면서 혀에 힘도 바짝 들어가기 때문에 혀 근육 발달에 좋은 활동이라고 한다.

아이와 단둘이 시간 보내기

나는 꿈이가 40개월 정도 되었을 때부터 일주일에 한 번은 단둘이 시간을 보내고 있다. 꿈이와 오붓한 시간을 마련하게 된 이유는 단지 미안함이었다. 당사자와 합의도 하지 않은 채 어느 날 갑자기 뱃속에 동생이 있다며 소개를 시켜주더니 엄마는 동생 때문에 몸이 불편해서 놀아주기 힘들다고 파업을 선언하고는 2주간 집에 들어오지 않았다. 그리고 처음 보는 아이를 데려와서는 동생이라고 사랑해주라 하니 이 아이는 얼마나 황당했을까?

신기해서 만져보려 하면 소스라치게 놀라 달려와서는 일어나지도 않은 일을 걱정하며 아기가 아야 한다며 예쁘다, 예쁘다 하라질 않나, 한참 자기랑 놀아줘야 할 시간에 갑자기 아기 재운다며 방으로 들어가 들어오지 말라고 하고, 엄마랑 놀고 싶어서 주변을 돌아다녔을 뿐인데 아기 재우는 데 방해한다고 혼이나 내고. 아무튼 미안한 점이 한두 가지가 아닌데 그동안 체력이 안 돼서 외면한 채 벌써 둘째는 돌이 다 되어갔다. 1~2시간만 보내며 숨 좀 쉬려던 어린이집을 여관방처럼 생각하며 4시간이나 낮잠을 자버리는 둘째 덕분에 낮에 강제로 휴식 시간이 생겨 버린 지 오래인데, 이제야 정신이 들어 첫째를 좀 더 챙겨줘야겠다 싶었다.

우리 집은 새벽 4~5시 정도에 두 아이가 모두 깨고, 저녁 7~8시 정도에 두 아이가 모두 잔다. 잠도 같은 시간에 자고, 밥도 같은 시간에 먹는 덕분에 한순간 몰아치면 어떻게든 상황이 정리되긴 하는데, 그 몰아치는 시간에 결국 내 체력은 바닥이 나고 아이들에게 안 좋은 기운을 풍겨버리곤 한다. 문제는 그 안 좋은 기운이 오롯이 첫째에게 가는 경우가 자꾸만 늘어난다는 것이다. 이를 만회하고자 단둘이 행복한 시간을 좀 가져봐야겠다는 생각이 나날이 커져만 갔고, 어린이집에 과감히 주 1회 첫째 3시 하원, 둘째 5시 하원의 날을 갖겠다고 선언해버렸다.

첫날은 아침에 아이들을 등원시키며 첫째와 무엇을 할지 생각하는데 '그냥 더우니까 머리나 깎으러 가야지.'라고 생각하면서도 왜 그리 설레는지. 그 와중에 꿈이의 말을 늘리겠다고 "더워서 머리를 짧게 깎을 거야."를 목표 언어로 삼겠다는 다짐까지 하고 미용실에 예약 전화를 걸었다. 세상에, 오늘 화요일이라 정기 휴무라네. 어쩔 수 없이 그 옆에 있는 남성 전용 커트 전문점에 아이 머리를 깎아줄 수 있는지 문의를 하고, 하원 시간이 되어 꿈이를 찾으러 갔다. 항상 친구들과 잘 지내면서도, 일찍 데리러 가면 더 들떠서 나오는 꿈이를 보며 오늘 이른 하원을 할 것임을 알렸다.

"오늘 엄마랑 머리도 깎고 재미있게 놀 거야."

"그래, 그래."

꿈이는 신나게 대답하며 킥보드에 올라탔다. 어린이집이 아파트 단지 안에 있어 주중에 걸어서 함께 도로로 나간 일이 손에 꼽히는데 가는 길에 만나는 풍경 하나하나에 꿈이는 한마디씩 덧붙였다.

"노란 버스가 3대 가요."

"꿈이 노란 버스 타고 다니는 어린이집 가고 싶어요?"

"네."

"그럼 내일부터 노란 버스 타는 어린이집 갈까요? 2층 어린이집 안 가요?"

"안 돼. 2층 어린이집 가."

"헬리콥터 2대 날아가요."

이 뒤에는 처음 들어보는 노래를 한참 불렀다. '헬리콥터가 날아가요.' 뭐 이런 식이었는데 왠지 꿈이가 흥에 넘쳐 지은 것만 같은 가사와 멜로디였다.

의지가 불타오르던 초반에는 "바람이 솔솔 불어서 시원해요.", "킥보드를 타고 엄마랑 놀러가요.", "머리를 짧게 깎을 거예요." 라는 식의 말을 해주며 걸어갔는데 날씨가 너무 더워서 미용실에 도착할 즈음에는 다시 과묵한 엄마가 되고 말았다. 다행히 먼저 온 손님이 있어 꿈이와 대기 의자에 앉아 마음을 다잡고 쫑알이 모드로 변신했다.

"엄마랑 손잡고 킥보드 타고 왔지요?"

"머리를 짧게 깎을 거예요."

엄마는 열심히 말을 하는데 꿈이는 따라 하지 않았다.

'뭐, 이제는 따라 하지 않아도 다 입력하고 있다는 믿음이 너와 나 사이에 생겼단다. 조급해하지 않을게.'

어느새 차례가 되었고, 꿈이는 군인 아저씨가 되었다. 분명 어린이집을 나설 때만 해도 행복한 표정이었는데 왠지 슬프고 억울해 보여 괜히 "꿈이가 머리를 짧게 깎았네.", "우리 꿈이 머리가 정말 귀엽구나. 역시 최고!"라는 말을 외쳐봤다. 계속 보니 정말 귀여운 것도 같고.

집에 돌아오는 길에 카페에 들러 꿈이가 직접 케이크를 고르게 했더니 치즈케이크를 골랐다.

"꿈이는 치즈 케이크가 먹고 싶구나. 엄마도 치즈 케이크를 정말 좋아해요."

꿈이와 단둘이 분위기 있게 딸기 주스 한 잔에 치즈 케이크를 먹으며 약 5분 행복했다가 큰 소리로 〈다섯 손가락〉 노래를 부르는 꿈이를 데리고 다시 집으로 향했다. 그 와중에 집념의 엄마가 되어 "엄마가 정말 좋아하는 치즈 케이크를 다 못 먹고 가다니 너무 슬퍼요."와 같은 절절한 멘트를 하면서.

사실 엄마와의 데이트에서 가장 큰 성과는 꿈이의 정서적 안정이다. 별것 없는 외출이었지만 꿈이는 엄마와 단둘이 무언가 하는 경험이 즐거웠는지 자기 전에 갑자기 "엄마 해피해피"라고 말하기도 하고 "엄마랑 꿈이랑 손잡고"라는 말도 하고 오늘 있었던 일을 이야기하는 듯한 굉장히 긴 웅얼거림을 보이기도 했다.

다람쥐형, 그리고 자조가 높은 꿈이의 언어를 빨리 늘리기 위해서는 무엇보다도 다양한 경험이 필요하다고 한다. 엄마와의 다양한 경험 속에서 언어와 정서를 모두 챙길 수 있다니 이 얼마나 즐거운 일인가. 그 '정서' 속에는 엄마의 정서 또한 포함되어 있는지 이 글을 쓰는 지금 정말 '해피해피'하다.

엄마와의 첫 데이트는 한동안 계속되다가 일주일간의 여름 방학과 두 아기에게 다가온 각 2회의 수족구로 약 두 달간 단독 외출이 불가능해지면서 흐름이 끊겼다. 그러나 이 데이트를 시작으로 꿈이는 더 적극적으로 사람들과 소통하는 아이가 되었다.

아빠와의 데이트는 어떨까? 말이 빠른 주변 사람들을 관찰하고, 맘카페에서 문의해본 결과 아이가 아빠 껌딱지인 경우가 많았다. 아빠와 함께 대화를 많이 해서 더 말을 많이 한다는 것인데, 근거가 있는 건지는 알 수 없지만 내 맘대로 해석하기로는 종일 같이 붙어 있어 특별할 것 없는 엄마 음성보다는 낮은 톤으로 오후 시간 넘어 찾아오는 아빠 음성에 더 집중이 잘된 것은 아닐까? 이렇게 아무렇게나 갖다 붙인 채, 남편에게 공을 쥐어주며 아이와 함께 밖으로 내보내기 시작했다.

첫날은 아무런 미션도 주지 않은 채 꿈이와 둘만의 시간을 마련해줬는데 약간 당황스럽게도 꿈이가 공 놀이 도중에 몇 번이나 "엄마 공 고마워."라는 말을 했다는 것이다.

공을 사줘서? 공놀이를 하게 해줘서? 정확히는 알 수 없지만 엄마, 공, 고마워라는 단어를 자기가 먼저 꺼내고 문장으로 이어 말했다는 것을 높이 평가하며 다음 공 놀이 때에는 '잡아', '던져'와 같은 단어를 계속해서 노출시켜줄 것을, 그 다음 공 놀이 때에는 '공을 잡아', '공을 던져'식으로 문장을 노출시켜줄 것을 요청했다. 그리고는 집에서도 시간이 날 때마다 풍선을 이용하여 "잡아", "던져", "발로 차"와 같은 말을 하며 놀아주곤 했더니 또 그 단어들이 온전히 꿈이의 것이 되었다.

사실 그 단어들을 처음 들려준 것은 아니다. 책을 통해서, 엄마와의 생활을 통해서 몇 번이고 들어봤던 그 말들이 아빠와의 신나는 놀이 속에서 재탄생하여 다가온 것이다.

마음 같아선 주 1회 아빠의 날을 만들어 꿈이와 단둘이 함께 보내게 하고 싶지만 그냥 틈나는 대로 아빠와 책을 읽거나 놀이를 하는 것에 만족하기로 했다.

아빠는 "꿈이가 나랑 노는 걸 재미없어 하는 것 같아."라는 말을 하기도 하지만 내가 보기에는 아빠와의 시간이 꿈이에게 긍정적인 영향을 주고 있음이 확실하다. 꿈이는 최근 아빠와 공 놀이를 하는 공간인 '지하 1층 실내 체육관'을 반복해 말해준 적이 없는데도 이어 말하기도 했고, "아빠랑 사이좋게 놀다 와."라고 말하며 보내던 엄마의 말을 기억하며 "엄마랑 아빠랑 꿈이랑 동생이랑 사이좋게 놀자."라는 말을 하기도 한다.

아빠와 놀다 들어오면 아빠와 놀면서 있었던 일을 엄마에게 알려주고 싶어 아무 말이나 해 보이곤 하는데, 옆에서 아빠가 해석을 해주면 다시 쉽고 정확한 발음으로 이야기해주기도 하며 익힌 어휘들도 상당하다.

주로 "넘어졌어요. 공에 맞았어요."와 같은 말들을 하긴 하지만 "지하 1층이 잠겼어요."와 같은 말을 하는 날도 있고 킥보드를 타고 놀다 온 날은 '신 난다'라는 단어를 처음으로 외쳐보기도 했다.

꿈이가 아빠와 시간을 보내며 아빠의 음성으로 직접적인 자극을 얻기도 하지만 그 상황 상황이 새로워 의사소통 욕구가 더 생기기도 하는 것처럼 보인다. 아빠 입장에서는 막막할 수도 있는 아이와의 시간이 아이 발달에는 너무 필요한 시간이기에 더욱더 자주 킥보드든 공이든 무언가를 쥐어주고 아이와 아빠의 사이좋은 시간을 마련해줘야겠다.

내일 한글 선생님 오셔

   한글 학습지에 관심 갖게 된 지는 꽤 오래되었다. 한글을 빨리 떼려는 의도는 전혀 없었지만 둘째가 잠들기 직전 1시간 정도 내 품에 착 붙어 울어버려서 꿈이는 6~7시 사이에 늘 소파에 방치된 채 영상의 세계에 빠져버린다. 어떤 날은 멍하게 TV를 바라보며 손톱을 물어뜯는 모습을 보이기도 하고 어떤 날은 과하게 빠져들어 있기도 했다. 이래저래 그 시간 동안 조금 더 도움이 되는 활동을 할 수 있을까 찾게 되었다.

   처음에는 '한글이 야호'라는 영상을 틀어줬는데 꿈이가 너무 재미있어 하고 '아야어여송'을 들으며 한글에 관심을 가졌다. 그래서 슬쩍 이것만 그냥 틀어줘볼까도 했지만 금세 시들시들이다. 그래도 한글에 관심을 가진 김에 학습지를 시켜볼까 하여 찾아보니 요즘엔 세상이 좋아져서 패드를 이용하여 한글 학습을 한다는 것이다.

영상 노출을 싫어하는 학부모들은 패드 패키지를 신청하되 집에서는 한글 학습지만 한다고 하던데 나는 반대로 학습지는 숙제용으로 잠깐 하고 패드를 적극 활용하게 됐다. 순전히 둘째의 자는 시간을 확보하기 위하여. 어떤 업체 것으로 할지도 매우 고민이었지만 우연히 알게 된 영업 사원에게 단번에 가입을 하고, 꿈이는 한글 학습의 세계로 진입했다.

나는 사실 4살인 우리 아이가 벌써 한글을 읽네, 못 읽네 하는 말을 하고 싶지도 않고 아무 관심이 없다. 한글 빨리 뗐다고 우수하다고 할 수도 없고 반대로 한글 늦게 뗀다고 크게 뒤떨어진다고 생각하지도 않는다. 그리고 정규 교육 과정상 1학년 때 한글을 배우지 않는가. 인터넷이나 언론에서는 1학년 때 한글 수업이 제대로 이뤄지지 않고 있다 한다. 실제로 학교에서 1학년을 맡아보면 부모님들의 조바심 혹은 아이들의 관심, 아니면 유치원 덕분에 아이들이 대부분 한글을 떼고 오는 것은 사실이다.

그래도 한 달 정도의 기간 동안 ㄱ, ㄴ, ㄷ부터 차근차근 한글을 배우는 시간이 있고 선행하지 않은 아이들이 그 기간에 꾸준히 연마하면 당연히 한글을 뗄 수 있다. 다만, 다른 아이들이 다 떼고 와서 잘난 척을 하는 데다가 하루에 5글자 정도씩 배우는데 제대로 공부하지 않으면 어느 순간 한글들이 눈덩이만큼 적체되어 '학교에서 한글을 제대로 다뤄주지 않아'라는 생각을 하게 된다.

그리고 학습지를 해보니 학교에서는 자음과 모음의 조합, 바른 글쓰기 등 다소 재미없는 공부를 하는 반면(한 달 정도의 기간 동안 배우기 때문에 원리를 가르쳐서 응용하게 하는 방법이 필요하긴 하다고 생각함) 학습지는 그림 글자 형식으로 일주일에 10개 정도의 단어를 배우고 반복하는 형태로 진행이 되어 아이가 본인이 공부를 하는지도 모르고 재미있게 공부를 하게 된다.

어쨌든 나는 꿈이가 이 활동을 통해 또 다른 언어 환경에 노출되었음에 만족한다. 새로운 선생님과 10분 정도의 시간 동안 새로운 기기를 이용하여 학습하는 단어들 중 대부분은 '코끼리, 딸기'와 같이 아는 단어지만 '코끼리를 찾아보세요.', '뱀에게 딸기를 먹여보세요.'와 같은 표현을 패드를 통해 듣고 따라 하며 아이가 다양한 명사와 동사도 배울 수 있기 때문이다. 그리고 그 시간에 둘째를 재울 수 있는 것은 더 좋은 일이고.

꿈이는 패드를 갖고 여러 가지 활동을 하는데 처음에는 '게임'을 제일 좋아하는 것 같아서 '게임 중독 꿈나무인가.' 하고 걱정했었다. 하지만 요즘은 그 안에 있는 책을 클릭하여 전자책 보듯이 보기도 하고 탐색하기 바쁘다. 말이 빨리 트이지 않은 대신 이것저것 잘 '받아먹는' 꿈이에게 순서 없이 다양한 자극을 주는 것이 어쩌면 혼란을 줄 수도 있어 걱정했지만 다행히 꿈이의 언어는 순탄하게 발달하고 있다. 그리고 사실 그렇게 재미있는 편은 아닌지 패드에 집착하지도 않는다. 오히려 선생님이 방문에 붙여놓고 가는 한 주 단위의 단어판을 읽고, 칭찬받고, 으쓱하며 돌아다니기 바쁘다.

꿈이는 선생님을 참 좋아한다. 집에서는 난리법석인 우리 꿈이는 어린이집에 가면 무엇이든 열심히 하는 학생 모드로 변신을 하고, 선생님들이 준비해오는 여러 활동들에 즐겁게 참여한다. 꿈이는 월요일에는 체육 수업을, 화요일에는 한글 수업을 듣고 있는데 아직 아이라 그런지 선생님이 어떤 날 오는지 정확히 몰라서 뜬금없이 특정 선생님을 찾을 때가 있다. 월요일 어린이집 하원 중 체육관에 가려 하는데 아이는 그날을 한글 선생님이 오는 날로 착각했나 보다.

"한글 선생님~."

"한글 선생님 내일 오셔. 오늘은 체육관에 갈 거야."

"한글 선생님 내일 오셔?"

'오늘'과 '내일'은 만 4~5세의 이해 언어이기 때문에 만 3세인 우리 꿈이가, 가뜩이나 언어가 늦은데 굳이 지금 수용할 필요는 없다. '오늘'이나 '내일' 같은 추상적인 시제를 이해하기에 아이의 인지가 아직이지 않나 하는 생각이 들긴 하지만 '밤'과 '낮'을 일찌감치 이해하고 있고 '오른쪽'과 '왼쪽'도 알고 있는 아이가 '오늘'과 '내일'이라는 표현에 혼란을 겪을 것 같지도 않고 그렇다고 그 말을 쏙 빼고 대화를 하는 것도 이상하니 "내일 오셔"라는 말을 할 수밖에 없었다.

아이의 언어, 언어치료에 관심을 가지며 늘 신기한 것은 '이 단어는 이때쯤'이라는 평균적인 연구가 꿈이와 거의 맞지 않으며, 관련 커뮤니티에서도 비슷한 사례를 볼 수 있었다는 것이다. 애초에 '평균'이길 거부한 꿈이는 어떤 단어는 지독히도 받아들이지 않지만 어떤 단어는 자기 멋대로 쉽게 습득해버린다.

꿈이는 '왼쪽'과 '오른쪽' 개념을 영상과 신발, 기저귀와 킥보드로 배웠다. 한때 빠져 있었던 똑똑한 캐릭터 영상에서 친구들에게 왼쪽, 오른쪽을 가르쳐주는 장면이 있었는데 은연 중에 '왼쪽, 오른쪽의 차이'를 알았던 것 같다. 뭐든 스스로 하고자 하는 성향상 신발은 늘 혼자 신는데 왼쪽과 오른쪽이 바뀌어 있을 때가 많아 "거꾸로 신었어. 이게 왼쪽, 이게 오른쪽이야."라는 말을 해주곤 했는데 그때 또 한 번 왼쪽, 오른쪽을 알았던 것 같다.

또한 기저귀를 채워줄 때마다 "왼발 들어요. 오른발 들어요" 하며 탁탁 종아리를 두들겼는데 그 또한 몇 개월 계속되니 익숙해졌나 싶고, 마지막으로 날씨가 따뜻해지면서부터 킥보드를 타고 어린이집에 가고 있는데 공동 현관문을 나서자마자 질주해버리는 아이에게 "오른쪽으로 가."라고 외치고, 두 갈래 길에서 "왼쪽이야."라는 말을 하는 게 반복되다 보니 저절로 익힐 수 있었던 것 같다.

신발 신기를 한참 헷갈려 할 때 찾은 자료에서는 신발 깔창에 하트 모양 스티커를 조각내어 붙여서 퍼즐 맞추기 형식으로 신겼다는 아이디어도 있었는데, 그런 아기자기한 열정이 없는 엄마를 만난 덕분에 어쩌다 보니 그냥 익혀버린 것이다. 그러나 이 방향 개념은 만 4-5세에도 여전히 자기중심으로 이해한다고 하니 아직 완전하다고 볼 순 없을 것 같다. 기준이 어디냐에 따라 '왼쪽, 오른쪽'은 달라지기 마련이지만 아직 그 정도 수준까진 되지 않았다고 본다.

'낮과 밤'은 아직 해가 뜨고 짐에 따른 밝기 정도로 이해하고 있는 것 같다.

"밤이 돼서 이제 자야 해. 밖이 깜깜하네. 친구들은 쿨쿨 자고 있어."

어릴 때부터 이런 말을 하며 재우곤 했는데 아직 '밤이네. 낮이네.' 하는 언어를 즐겨 사용하지 않기에 어렴풋이 구분하고 있구나 하는 정도로 생각하고 있다. 마찬가지로 따뜻한 여름, 추운 겨울과 같은 계절 표현도 대강의 이해 정도에 그치고 있다. 낮과 밤, 계절은 주로 하루하루의 상황이나 그림 카드, 그리고 의상, 노래로 제시하고 있는데, "이제 밤이 되었으니 잠옷을 입고 쿨쿨 자자."라고 말을 하거나 "창밖이 깜깜해졌네. 밤이 되었구나." 또는 그림을 통해 "해님이 방긋 웃고 있네. 낮이 되었구나."라는 말을 함으로써 낮과 밤을 알려주고 있다. 계절은 꿈이가 즐겨 부르던 〈눈을 굴려서〉에 나오는 옷에 대한 표현으로 겨울을, 〈수박 파티〉, 〈아이스크림〉과 같은 동요를 통해 '더워서 차가운 음식을 먹는' 여름을 설명했다.

추상적인 시제 표현은 이렇게 불현듯 찾아와서 수많은 과제를 안겨주고 있다. '오늘과 내일, 어제'와 같은 말들의 이해는 지금처럼 대화로 풀어나가면 될 것 같다. 가까이는 오늘도 나는 이 기법을 써먹었는데, 어젯밤 쉽사리 잠들지 않는 아이에게 말한다.

"꿈이 내일 어린이집에서 소풍 간대. 오늘 일찍 자야지 내일 소풍 갈 수 있어."

아이는 '소풍'이라는 단어에 혹해서 반응한다.

"소풍? 소풍 가?"

"응. 내일 어린이집에서 소풍 가."

"내일 소풍 가?"

이 아이가 '내일'의 뜻을 명확히 해석할 수 없더라도 하룻밤 자고 나니 그 '내일'이 왔고 즐거운 '소풍'을 떠나게 되었으니 오늘 또 한 걸음 '내일'에 다가서지 않았을까?

덧붙여 한글 학습에 대한 이야기를 더 해보려 한다. 우리 아기의 한글 진도는 이제 그림 문자가 아닌 가나다라 학습에 돌입했다. 받침이 없는 글자를 읽는 모습을 보며 '이 맛에 엄마들이 학습지를 시키는 걸까?' 하는 생각을 하긴 하지만 여전히 '더 빨리 습득했으면 좋겠다.'라는 욕심은 갖지 않는다. 그 이유 중 하나는 꿈이가 책을 읽을 때 자기가 아는 글자를 찾느라 그림을 자세히 보지 않게 된 것에 있다.

예전에는 그림을 보며 엄마 음성을 들었는데 요즘은 자기가 읽을 줄 아는 글자가 있는지 찾느라 바쁘다. 처음에는 그 모습이 기특하기도 했지만 우리 아기의 상상력과 창의력이 줄어들까 봐 걱정이 되기도 한다. 그렇지만 한글 학습으로 얻은 언어적 순기능도 분명히 있었다. 그건 바로, 꿈이의 발음!

꿈이가 자기가 잘못 발음하는지도 모른 채 지나가는 수많은 단어들을 녹음해서 들려주기도 하고 거울을 보며 함께 발음해보기도 했었는데 한글을 공부하며 스스로 캐치하게 되었다. 예를 들어 '수박'의 '수'가 '후'가 아니라는 걸 문자상으로, 눈으로 확인한 덕분에 꿈이는 더 열심히 'ㅅ' 발음을 해냈고 이제 꿈이의 발음은 걱정 없는 수준이 되었다.

엄마의 의도적 개입

　꿈이의 언어 습득 순서는 뒤죽박죽이다. 만 2세에 해야 할 어휘가 부족하기도 하고 만 4세에 할 수 있는 어휘를 문제없이 해내기도 한다. 따라서 다소 어려워 보이는 표현이더라도 꿈이가 표현하고자 하는 욕구가 있으면 가르쳐주는 편이다. 그중 하나가 시간과 순서에 관한 표현이다. 부쩍 '아까 전에'라는 말을 섞어가며 표현하는 우리 꿈이가 '아까'와 관련된 개념 적립이 약한 편이라고 느껴진 것은 어제 있던 일도, 지난주에 있던 일도 일단 과거에 일어난 일이면 '아까 전에'를 갖다 붙였기 때문이다.

　"꿈이야, 아까 전에 산타 할아버지가 오셨다고?"

　"응. 아까 전에 로봇을 사주셨지."

　"정말? 산타 할아버지는 지난주에 오셨잖아."

　"지난주?"

"응. 지난주에 있었던 일은 아까 전에랑 안 어울려."

"안 어울려?"

"응. 아까 전에는 방금처럼 짧은 시간 중에 있었던 일에 쓰는 게 좋아."

"응? 그게 무슨 말이지?"

난감했다. '아까 전에'를 언제 쓰는 건지 알려주기 위해 사용해야 하는 말들을 설명하기 위해 또 다른 아기가 모르는 말을 이용해야 하다니. 모국어가 탄탄한 상황에서 배웠던 영어의 시간 표현 같았으면 학창 시절 선생님들이 그러하셨듯 칠판에 수직선 한 줄 쭉 그어가며 과거, 대과거, 현재 완료와 같은 말도 곁들이며 설명하겠건만 도대체 어떤 식으로 알려줘야 할지 감이 잘 오지 않았다. 나는 '아까 전에'라는 단어를 의식하기 시작했다.

"꿈이야. 이제 잘 시간이야. 오늘 어린이집에서 뭐 하고 놀았는지 이야기해줄래?"

"아까 전에 친구랑 블록을 만들었어."

"친구랑 블록을 만들었구나. 언제 만들었어?"

"친구가 블록을 부숴서 선생님이 하지 말라고 했어."

"누가?"

어린이집에서의 사건을 귀 기울여 들으니 이 사건은 오늘 일어난 사건이 아니다.

"아하, 지난주에 있었던 그 일이구나."

"꿈이가 ○○이랑 ○○이 하고 놀다가 블록이 무너졌지?"

"응. 아까 전에 친구가 블록을 밀었어."

"꿈이야, 그렇게 오래 전 이야기에는 아까 전에가 안 어울려."

"안 어울려?"

"응. 아까 전에는 꿈이가 쿨쿨 자기 전에 있었던 일처럼 시간이 별로 안 된 일을 이야기할 때 써야 해."

"그래 좋아."

그렇게 몇 번을 말해주니 꿈이는 그럭저럭 '아까 전에'를 어울리는 상황에 적용하기 시작했다. 내친김에 나는 꿈이에게 '그 다음에, 그 전에'와 같은 순서를 알려주고자 의식적으로 발화하기 시작했다.

"책 읽을 사람!"

"저요!"

"읽고 싶은 책 5권 갖고 오세요."

"엄마랑 꿈이랑 책을 읽을 거예요. 제일 먼저 읽고 싶은 책을 골라보세요."

꿈이가 읽고 싶은 순서대로 책을 나열해두고 첫 번째 책을 다 읽은 후에 의식적으로 '두 번째 책은 제목이 뭘까?'와 같은 문장을 쓰고 5권을 다 읽은 후에 우리가 읽은 책을 순서대로 기억해보기도 하며 목표 어휘를 함께 적용해봤다.

"꿈이야, 우리가 이 책을 두 번째로 읽었네. 그 전에 제일 처음에 읽은 책은 뭐였지?"

"이 책! 그다음은 이거!"

말문이 터지기 시작하며 꿈이는 엄마가 하는 말을 찰떡같이 알아듣고 적용하기 시작했다. 가끔은 엄마가 피곤하여 입을 꾹 다물고 있어도 혼자 재잘재잘 떠들며 요즘 본인에게 집중된 그 어휘를 써먹기도 한다.

"엄마, 밖에 나갔다 오면 제일 처음에 손을 씻어야 해요. 그다음에는 잠바를 벗어요."

"응. 얼른 손 씻고 잠바 정리해요."

"네!"

"우와, 꿈이가 잠바도 갤 줄 알아?"

"물론이지! 처음에는 이렇게 잠바를 모으는 거야. 그다음엔 팔을 안으로 모아야 해. 그다음은 안녕하세요 하고 접는 거야. 한 번 더 접으면 끝! 정리 끝!"

"꿈이 이제 다 컸네. 정말 잘했어!"

엄마 거짓말, 자동차 많이!

최근 들어 꿈이의 언어가 몰라보게 발달하고 있는데 본인도 그 것을 느끼는 건지 엄마 아빠의 말을 어마무시하게 흡수하기 시작했다. 지난번에도 쓴 적이 있지만 꿈이를 혼내고 나면 자꾸 언어가 늘어난 아이러니한 상황이 연출됐는데, 이 시기 나는 꿈이의 거짓말을 갖고 혼낸 적이 있었다.

꿈이는 잔꾀가 많아서 어떤 상황을 빠져나가고 싶을 때 이런저런 핑계를 대곤 하는데 '화장실'과 '배고픔'에 엄마가 매우 관대하다는 사실을 알고 난 후부터는 자꾸만 이용하는 느낌이다.

특히 식사 중, 취침 전 그 자리에서 벗어나고 싶으면 "엄마 응가 마려워요."라고 말을 하는데 뻔히 보이는 거짓말이지만 혹시나 진짜 일 수도 있는데다가 배변 훈련 과정에서 지장을 줄까 봐 수용해 주고 있었다.

그런데 이게 동생과 꿈이가 함께 식사하던 상황에서는 꿈이의 화장실 문제로 인해 동생이 방치돼버리는 상황이 발생하고, 그렇다고 혼자 보내기에는 진짜 응가를 했을 경우 씻어줘야 하는 상황이 생기므로 문제가 된다. 밥을 먹이다가 응가를 닦아주고 앉아 있다니, 게다가 밥을 먹고 있던 동생은 갑자기 엄마가 형과 함께 사라지니 얼마나 황당할지. 그래도 밥 먹는 상황에서는 그럭저럭 수용 가능한데 자기 전에는 정말 난처한 상황이 찾아온다. 동생이 잠투정이 있는 편이라 침대에서 굉장히 오랜 시간 동안 뒹굴거리며 칭얼거리는 편인데, 꼭 결정적인 순간에 꿈이는 응가가 마렵다고 말을 한다.

"동생 잠들 때까지 참아줄래?"

"응, 알겠어."

이렇게 깔끔한 대화가 1회 정도 진행되고 5분 이내에 동생이 잠들면 만사 오케이지만 장기전이 될 경우 "엄마 응가 마려워요!"라고 다시 한번 크게 말을 하고, 동생은 잠이 들려다 만 상태가 되어 칭얼칭얼. 어차피 망해버렸으니 함께 화장실에 가긴 가는데…. 동생은 졸려서 울고불고 난리인 상황에서 꿈이는 응가가 안 마려운 상황이 대부분이다. 그저 침대에서 벗어나고 싶었을 뿐이다.

처음에는 그러려니 하다가 이게 매일 계속되니 너무 화가 나서 하루는 이런 대화를 하게 되었더랬다.

"꿈이 엄마한테 왜 거짓말해. 응가 마려워 안 마려워?"

"안 마려워."

"근데 왜 거짓말했어요? 엄마는 거짓말하는 어린이는 좋아하지 않아요."

"…."

그 주 주말, 우리는 아침부터 부지런히 짐을 챙겼다. 아이들과 함께 어디든 떠나겠다는 일념하에 열심히 검색하여 '10시에 오픈하는 오리 백숙 집에 자리를 잡고 그 옆에 있는 계곡에서 물놀이를 한 후 오리 백숙 점심 식사, 그 후 카시트에서 아이들 낮잠 재우고 자동차 박물관에 가자!'라는 아주 철저한 계획을 세운 것이다. 그런데 꿈이 는 그날따라 별로 나가고 싶지 않았나 보다. 계속 자동차만 갖고 노는 것이 아닌가?

"꿈이야, 우리 오늘 자동차 박물관 갈 거야. 거기 멋있는 자동차 가 정말 많아."

"정말?"

"갈래?"

"그래 좋아!"

자동차가 많다는 소리에 신이 나서 차에 탔는데 도착한 곳은 옛 날 냄새 풍기는 집과 계곡. 물놀이를 좋아하는 아이지만 계곡물이 생각보다 차갑고 깊어서 꿈이는 그다지 흥미로워 하지 않았다. 잠시 물놀이를 한 후 오리 백숙을 먹고 차에 탔는데 꿈이의 표정이 안 좋았다.

"꿈이 왜 그래요?"

"…."

"꿈이 피곤해요?"

"엄마 왜 거짓말. 자동차 많이."

사실 아침부터 계곡에 다녀오고 나니 너무 힘이 들어서 아이들을 재우고 집에서 조금 쉬자고 계획을 수정하던 참이었는데 꿈이의 이 말을 듣고는 도저히 집으로 돌아갈 수가 없었다.

"꿈아, 뭐라고?"

"엄마, 거짓말. 자동차 많이."

"엄마가 자동차 많은 곳 간다고 했는데 계곡에 와서 화가 났어요?"

"응. 앵그리 앵그리 화가 났어. 자동차 많이."

"꿈이 근데 거짓말이라는 단어도 알아? 대단하다!"

"…."

"엄마가 거짓말 안 했어. 이제 자동차 많은 곳 갈 거야. 꿈이 오래 기다리게 해서 미안해."

불과 6개월 전이었던 43개월에 꿈이가 이런 모습이었다니 감회가 새롭다.

이날 느꼈던 감정이 지금도 생생한데 언어가 폭발적으로 늘기 시작하면서부터는 '하루하루가 감동'이었던 날이 다소 줄어든 것 같다. 저렇게 드문드문 완벽하지 않은 문장을 구사하던 꿈이는 지금은 "자동차 박물관 갈 거야."라며 의사 표현을 분명히 하기도 하고, "오리 백숙 먹고 나서 카시트에서 자고 있으면 자동차 박물관 도착할 거야."라고 말해주면 순순히 오리 백숙을 먹고, 카시트에 앉으며 "잠깐 자고 나면 자동차 박물관 도착해?"라고 물어보기도 한다. 다른 사람과 진정한 핑퐁 대화가 가능해진 것.

놀라운 발전의 순간들을 놓치지 않고 도움을 주다보면 아이는 몰라보게 성장한다. 아이가 새롭게 쓴 어휘들에 집중하고 그 단어를 활용하여 아이의 언어를 살찌워주는 것, 이게 엄마표 언어치료의 묘미가 아닐까.

어린이집 방학과 휴가

7월 말 일주일은 대부분의 어린이집이 여름 방학에 돌입한다. 아이가 하나였을 때에는 그저 '힘들다' 정도의 느낌이었는데 아이가 둘이 되고 나니 '두렵다'라는 생각마저 들어 나름대로 철저하게 계획을 세우게 됐다. 일단 두 아이가 종일 집에 있으면 분명 지루함을 못 견디고 다툼이 날 수 있으므로 어디든 가야 했다. 운전을 잘 못하는 관계로 집 근처 지하철역까지만 차를 끌고 나가서 지하철을 타고 어디든 가야겠다는 마음가짐을 하고, 그리고 괜히 그 시기에 아이 영유아검진을 예약하고, 이런저런 일정을 만들어봤다.

사실 지나고 나니 아무 데도 간 곳은 없는 것 같은데 꿈이는 일주일 동안 너무 즐거워했다. 버스와 지하철을 원 없이 탔기 때문일까? 꿈이는 눈만 뜨면 에버랜드에 가자고 말을 했다.

"꿈아, 이번주 부터 일주일 동안 여름 방학이라 어린이집에 안 가."

"어린이집 안 가?"

"응. 친구들도 어린이집에 안 오고 선생님도 안 오셔."

"아무도 없어?"

"응. 아무도 없어. 우리 뭐 하고 놀까?"

"에버랜드 가자."

"에버랜드 갈까?"

사실 가능할 것 같다는 생각을 했었다. 힙시트에 둘째를 안고, 첫째는 얌전히 지하철에 앉아서 30분 정도 간 후 에버랜드역에 내리면 버스가 오고, 그 버스에 타서 에버랜드에 가기만 하면 되는 일 아닌가? 꿈이가 좋아하는 사파리를 슬쩍 보고 밥을 먹고 집에 오면 꿈이는 피곤해서 낮잠을 자겠지. 낮잠을 자고 일어나서는 욕조에 물을 받아 물놀이를 즐긴 후 저녁을 먹고 나면 평소와 다름없는 일정이 아닌가.

그렇게 용기 있게 출발을 했는데 사실 일주일 내내 출발만 하고 한 번도 에버랜드에 간 적은 없다.

"엄마, 자동차가 많이 있어요."

"엄마, 나무가 많아요."

"엄마, 빨간불이에요!"

꿈이는 빠르게 달리는 지하철 안에서 바깥 풍경을 보며 세 정거장쯤 떠들고는 늘 이렇게 말했다.

"엄마 내리자."

그렇게 우리는 늘 중도 하차를 했고 꿈이의 요구 사항에 맞게 엘리베이터, 에스컬레이터, 계단을 이용하고 도로에도 나가보고 더워서 다시 들어오곤 했다.

"엄마, 너무 더워. 들어가자."

"아이 더워. 에어컨 틀자. 리모콘 어딨지?"

"에버랜드 너무 멀어. 다음에 아빠랑 가자."

꿈이와 손을 잡고 걸으며 일주일 내내 그저 바깥을 돌아다녔을 뿐인데 금요일쯤 되니 꿈이가 몰라보게 큰 느낌이었다. 왠지 말도 잘하는 느낌이고.

물론 매일 같이 '밖에 나갔다 들어오기만 하는' 생활을 한 것은 아니다. 초반 이틀은 너무 수월하게도 집에 오자마자 낮잠이 들었는데 수요일부터는 꿈이가 낮잠을 자지 않았다. 그래서 또다시 두 아이를 끌고 밖으로 향했다. 마트에 가서 수다를 떨어보기도 하고 블록 놀이방에 가서 블록도 쌓아보고. 블록 놀이방은 처음 가봤는데 이 블록이라는 게 언어 발달에 정말 도움이 된다는 사실을 또 한 번 깨달았다.

집에서는 '높이, 쌓다, 색깔, 무너졌어, 끼워'와 같은 단어만 활용했었는데 경찰차, 소방차만 만드는 블록을 꺼내어 용어를 이야기해 보는 것은 기본이고 표정을 익히는 블록, 마트 놀이를 하는 블록들도 있어 장난감의 세계가 정말 대단하다는 것, 장난감을 아무나 만드는 것이 아니라는 생각이 들었다. 자동차 좋아한다고 주야장천 자동차만 사주는 것이 아니었는데…. 블록을 종류별로 들여야 하는 건지.

방학이 끝나고 바로 남편의 휴가가 이어졌다. 과잉보호하며 아이를 키우던 지난 3년의 삶을 청산하고 우리는 과감하게 해수욕장으로 떠났다. 13개월짜리 둘째가 해수욕장을 가다니. 꿈이 13개월 땐 놀이터도 안 데려갔는데 세상에. 그렇게 일주일간의 휴가 동안 꿈이는 또다시 새로운 어휘들을 만나게 됐다.

"엄마, 수영장 가고 싶어요."

얼마 전 엘리베이터에서 만난 동네 친구들이 수영장에서 물놀이를 했다고 자랑을 했었는데 수영장에 가본 적이 한 번도 없는 꿈이는 '수영장'이라는 곳에 가고 싶어 했다. 그렇지만 걱정쟁이인 엄마는 수영장에서 장염이나 수족구를 옮아 올까 봐 아직 용기를 내지 못했다.

"수영장 안 가고 해수욕장 갈 거야."

"해수욕장?"

"해수욕장은 물놀이도 하고 모래 놀이도 하는 곳이야."

"정말?"

"꿈이는 물놀이가 좋아, 모래 놀이가 좋아?"

사실 꿈이는 모래 놀이도 해본 적이 없다. 어린이집에서는 해봤을지도 모르지만.

"물놀이!"

"물놀이는 집에서도 하잖아. 모래 놀이도 재미있어. 우리 둘 다 해볼까?"

"그래!"

그렇게 4시간 정도 차를 타고 도착한 동해에서 2박 3일 동안 하루도 빠짐없이 우리는 해변에 나갔다. 첫째도 둘째도 이 첫 경험이 너무 신이 났는지 마지막 날엔 너무나 능숙하게 모래성을 쌓으며 놀았다.

"해수욕장, 물놀이, 바다, 모래 놀이."

책을 읽으며 봤었던 단어들을 처음으로 경험해본 꿈이는 진정으로 이 단어를 알게 되었다. 다람쥐형 꿈이를 진즉에 이곳저곳 데리고 다녔어야 했는데. 어쩌면 너의 언어가 느린 원인은 엄마 때문인 것 같구나.

여름 휴가 이후 우리 가족은 주말엔 반드시 어디론가 떠났다. 멀리 갈 체력이 없는 날에는 동네 공원에서 놀기도 하고 하다못해 마트라도 가서 아이들에게 새로운 경험을 안겨줬다.

나는 사실 걱정이 너무 많고 알고 보니 결벽도 있는 사람이었다.

1월에 태어난 꿈이는 백일 무렵까지는 '추워서' 바깥 외출을 하지 못했지만 그 이후에도 바깥세상을 거의 못 봤다. 나갈 땐 반드시 꽁꽁 싸매서 나가거나 차나 유모차로 이동했다.

6개월 정도에 문화 센터에 다니기 시작했는데 문화 센터에 도착하면 항상 꿈이 주변을 물티슈로 닦고, 그날그날 배부되는 교구를 닦기 바빴다. 꿈이가 교구를 입에 넣을까 봐 늘 긴장했고 문화 센터 수업이 끝난 후에는 반드시 화장실에 들러 손을 깨끗이 닦아줬다. 집에 있는 날도 방심하지 않았다. 아침에 일어나면 늘 온 집안을 손걸레질을 해가며 닦았는데, 그러고 나서 남은 건 내 육아우울증과 돌잔치 때 찾아온 꿈이의 장염 정도. 그 장염이 도대체 어디서 왔는지 어린이집 상담 가서 옮았는지 문화 센터에서 옮았는지 혹은 자연스럽게 찾아온 질병인지 알 수 없지만 그 덧없음을 느끼고는 매일 하던 손걸레질은 중단하고 청소기만 돌리게 됐다.

지금 생각해보면 그렇게 바빴던 돌 무렵 내 육아 일상 속에 꿈이와 나의 대화는 거의 없었던 것 같다. 아침에 일어난 꿈이에게 맘마를 주고, 꼬무작 거리는 꿈이에게 모빌을 틀어주고 나서 손걸레질을 하고 나면 꿈이 낮잠 시간. 꿈이가 낮잠 자는 사이 잠시 쉬었다가 일어나면 맘마를 주고, 꼬무작 거리는 꿈이에게 모빌을 틀어주고 엉망진창으로 밥을 먹은 흔적을 치우고 설거지를 하고 나면 꿈이의 두 번째 낮잠 시간. 꿈이가 자는 사이에 이유식을 만들고 나면 꿈이가 일어나고, 맘마를 주고, 목욕시키고 어물쩡 시간이 흘러 밤잠 시간이 되었다.

왜 그렇게 청소에 집착했었는지, 왜 그렇게 아이의 손발을 꽁꽁 묶어두고 관리하려 했는지. 집은 조금 지저분하더라도 대강대강 닦아놓고 밖에 나가 '바람'도 느끼게해 주고 '햇빛'도 느끼게 해줬으면 좋았을 텐데…. 아이가 일상생활 속에서 얻을 수 있는 인풋이 거의 없었던 것 같다.

청소를 대강하는 것이 너무 찝찝했다면 "이제부터 엄마는 청소할 거야. 집을 깨끗이 닦자."라는 식으로 쫑알쫑알 해줬으면 어땠을까 싶기도 하고. 복직을 했고, 임신을 했고, 둘째가 태어났고, '청소할 시간과 체력이 없어서' 그렇게 어쩔 수 없이 나는 조금씩 지저분하게 생활하게 되었다. 그리고 "꿈이야. 엄마 도와줘. 모두 제자리에 할까?"라며 상호 작용을 시작한 순간, 아이의 입은 조금씩 열렸다. 가장 중요한 게 무엇인지 예전엔 미처 깨닫지 못했다.

나는 택배 아저씨야

〰〰〰〰〰〰〰〰〰〰〰〰〰〰〰〰〰〰〰〰〰〰〰〰〰〰〰

아이의 언어 발달에 역할 놀이만큼 좋은 게 없다는 사실은 일찍부터 알고 있었지만 그동안의 역할 놀이는 고작 "앗, 사고가 났어. 헬리 출동!"과 같은 굉장히 극단적이고 어휘력보다는 연기력 향상에 도움을 줄 것만 같은 활동뿐이었는데 어느 순간부터 엄마가 '곤쥬님'이 되고 난 후에 하루에도 몇 번씩 꿈이와 역할 놀이를 하고 있다. 꿈이는 택배 아저씨 역할을 좋아하는데 처음에 택배 아저씨 역할을 시작할 때에는 자꾸 '치킨, 피자'를 갖고 오더니 요즘은 어느 정도 택배 아저씨가 갖고 올 만한 물건들을 배송해주곤 한다.

"엄마는 곤쥬님. 꿈이는 택배 아저씨."

"택배 아저씨, 오늘은 뭐 갖고 왔어요?"

"빵빵. 비키세요. 택배차가 지나가요."

"아저씨. 안전 운전하세요."

"빨간불이에요. 멈추세요."

"딩동딩동, 택배 왔어요."

"아저씨, 어떤 물건이 왔어요?"

이때, 소품이 있으면 더 다양한 이야기를 나눌 수 있는데 실제 택배 상자를 꿈이의 손에 쥐어주는 순간 너무나 다양한 물건들이 자꾸만 배송되어 우리 집은 종일 명절이 된다.

"택배 왔어요. 장난감 왔어요."

"아저씨, 저 장난감 주문 안 했어요. 행복이한테 가보세요."

사실 오배송에 대한 지식은 아직 꿈이에게 없어 자꾸 엄마에게 들이댄다.

"택배 왔어요. 장난감 많이 왔어요."

이 택배 아저씨는 고객이 직접 수령하지 않으면 계속해서 재배송을 시도하기에 일단 받아둬야 한다.

"네, 아저씨. 고마워요. 안녕히 가세요."

"안녕히 계세요."

이렇게 즉흥적인 역할 놀이를 할 때면 더 다양한 장면을 연출하며 어휘를 노출시켜주고 싶어 꿈이가 어린이집에 가고 나면 머릿속으로 상황을 설정해보곤 하는데 지금까지 효과가 좋았던 내용은 다음과 같다.

위, 아래 등 위치 함께 이야기하기

택배 아저씨, 엄마가 지금 일하느라 택배를 못 받아요. 식탁 위에 놔 주세요.

택배 아저씨, 미끄럼틀 아래에 있는 자동차 장난감을 행복이에게 갖다 주세요.

택배 아저씨, 상자 안에 뭐가 있어요?

택배 아저씨, 수납장 밖에 나와 있는 장난감 좀 택배 상자에 넣어 주세요.

책 이름 말해보기

택배 아저씨, 돌잡이 책 좀 택배로 보내주세요.

택배 아저씨, 바다 생물 이야기 책 좀 배달해주세요.

숫자 이야기하기

택배 아저씨, 장난감 몇 개 갖고 오셨어요?

택배 아저씨, 종이컵 3개를 배달해주세요.

한창 본인이 택배 아저씨라고 주장한 후 꿈이는 놀이터에서 거꾸로 매달려 "나는 박쥐야."라고 외치기도 하고 바나나를 먹으며 "나는 원숭이야."라고 외치기도 했다. 이 무렵 나는 머릿속으로 늘 아이와의 대화를 그려봤다.

'내일은 요리사 놀이를 해야겠어.'라는 생각이 들면 아침 식사를 준비하는 과정 속에서도 "꿈이야. 엄마는 요리를 하고 있어. 조금만 기다려줘."라고 말하기도 하고, 호기심 가득한 아이가 불에 다가오면 "손님, 기다리세요. 여기는 너무 뜨거운 불이 있어요. 위험해요."라고 말하기도 했다. 설거지를 할 때에도 "엄마 설거지 할게요. 잠깐 동생과 놀고 있어요."라고 말하곤 했는데 가끔 아이가 자기도 설거지를 하겠다고 떼를 부릴 때가 있었다.

과거의 나 같으면 극구 안 된다고 했겠지만 그럴 때 "조금만 기다려줘."라고 말을 한 후 물로 헹구기만 하면 될 수준 정도에서 가위나 칼처럼 위험한 도구는 미리 헹궈두고 의자를 싱크대 앞에 대줬다. 함께 설거지를 하며 "꿈이가 접시를 헹궈주세요. 접시."라고 말을 하거나 '컵에 물을 채운 후에 손으로 쓱싹쓱싹' 함께 이야기를 하며 설거지를 해나갔다. 하지만 이러한 활동 속에 둘째가 함께하겠다고 하는 곤란한 상황은 늘 생기고 말았다. 함께할 수 있다면 좋겠지만 16개월 둘째가 의자에 서서 설거지를 하는 모습은 아직 아찔하여 그럴 때 할 수 없이 꿈이를 설득했다.

"꿈이야. 엄마를 도와줘서 고마워. 그런데 행복이도 엄마를 도와주고 싶은가 봐. 함께 하면 좋겠지만 행복이가 의자에서 떨어질까 봐 걱정돼."

🧒 의자에서 쿵 떨어지면 아파.

👩 그렇지? 의자에서 떨어지면 어떻게 될까?

🧒 병원에 가야 해.

👩 맞아. 행복이가 아파서 병원에 가면 엄마는 너무 속상해. 그리고 많이 다치면 입원해야 해.

🧒 입원?

👩 응. 입원. 입원은 오랜 기간 동안 병원에서 먹고 자면서 병을 고치는 거야. 그러면 행복이는 집에 못 오는 거야.

🧒 그럼 엄마 아빠 못 봐? 엉엉엉 울어?

👩 응. 행복이가 외로울까봐 엄마가 병원에서 같이 자느라 꿈이가 며칠 동안 엄마를 못 볼 수도 있어.

이런 식으로 다소 긴 대화가 이어지지만 결국 꿈이는 설득이 되고 엄마가 설거지를 마무리할 때까지 기다려준다. 옛날 같으면 급한 마음에 "안 돼!"라고만 말하거나 "꿈이야. 얼른 내려가."라고 마무리 짓겠지만 세제를 묻혀놓은 그릇보다는 꿈이와 행복이가 더 우선이니까.

발달에 맞는
자극을 주세요

아기의 언어를 위해 시도한 '변화' 중 가장 잘한 일은 한글 공부였어요. 4살밖에 안 된 아기에게 한글 공부를 시킬 목적은 절대 아니었지만 아기는 한글에 관심을 갖게 됐고 한두 글자 스스로 읽게 되자 더 적극적으로 한글 읽기를 시도했어요.

특히 주차되어 있는 차들의 번호판은 아기에게 재미있는 책 중 하나가 되어 '69 우 1111'과 같은 글자를 띄엄띄엄 읽거나 '주차 금지', '소방차'와 같은 친숙한 글자를 읽으며 열심히 '말'을 하고 있어요. 끊임없이 입을 여는 아기였다면 '우리 아기가 글자를 읽어!'와 같은 감동을 받았겠지만 입 자체를 열지 않은 채 30개월 넘게 살아온 우리 아기가 스스로 무언가를 말하고 있다는 감동이 한글을 익혔다는 대견함보다 더 큽니다.

그리고 한글 공부의 효과는 예상치 못한 곳에서 또 나타났어요. 언어가 늦게 트인 아기답게 발음이 뭉개지기 일쑤였는데 자기가 생각한 단어가 그 글자가 아님을 스스로 깨닫고 더 정확하게 말하려는 의지를 갖게 되었어요. 예를 들어 '짜가'는 '사다리', '사슴'과 같이 'ㅅ' 자음이 있는 '사과'라는 사실을 스스로 캐치할 수 있게 된 것이죠. 구강 운동으로 입 근육이 어느 정도 풀렸는데도 이상하리만큼 발음하지 못했던 그 단어들이 사실은 아기 머릿속에 잘못 입력되어 있었다는 것을 한글 공부를 하지 않았으면 깨닫지 못했을 거예요.

본문에는 소개되어 있지 않지만 추천하고 싶은 또 다른 변화는 '환경미화'예요. 육아용품을 인테리어 파괴의 주범이라고 하죠. 저는 이미 인테리어는 포기한 지 오래예요. 피할 수 없으면 즐기라고 올 가을부터는 아기와 함께 거실 벽을 '환경미화' 하고 있어요.

학창 시절을 생각해보면 초등학교 때 교실 뒤편에는 초록색 배경판이 자리하고 있고 우리들의 작품으로 그 판을 채우곤 했었죠. 가을에는 아기와 함께 가을과 관련된 그림 오리기, 종이접기 등 다양한 활동을 하며 벽을 꾸몄고 겨울이 오자 크리스마스 분위기도 낼 겸 트리와 리스 등을 붙여놨어요.

아이가 '나중에', '아까 전에', '계절'과 같은 시간 어휘를 쓰긴 하는데 완벽하지 않다고 생각하고 있었는데 환경을 꾸미다 보니 아이 스스로 "가을은 지나갔고 겨울이 왔어. 추운 겨울이야. 산타 할아버지가 썰매를 타고 와." 같은 문장을 구사하고 있어요.

우리 아이가 말이 늦어요

·

꿈이의 일상

친구야, 지금 몇 시니?

지금은 어느 정도 대중화된 인공 지능 AI 서비스. 없을 땐 아무 불편함 없이 살았는데 들이고 나니 참 유용한 그것을 우리 집에도 들여놨다. 어느 날 갑자기 IPTV 기사님이 오셔서 달아주고 간, 남편이 재미로 신청한 이 서비스를 아기의 언어 발달을 위해 이렇게 잘 써먹을 줄 누가 알았을까.

청소는 열심히 하지만 정리벽이 전혀 없는 나는 하루에도 몇 번씩 TV 리모컨을 잃어버린다. 그래서 하루에도 몇 번씩 "친구야"를 외쳐대는데(우리 집 AI는 '친구야'라는 음성에 반응한다.), 내가 얼마나 자주 이 말을 외쳤으면 꿈이가 잘 하는 말 중 하나가 "리모콘 찾아줘"이다.

처음에 이 제품을 꿈이의 언어 활동에 활용할 때에는 내가 제공하기 부족한 인풋을 채워주는 용도로 쓸 생각이었다. 예를 들어 "친구야, 오늘 날씨 어떠니?"라고 말을 하면 친구는 열심히 날씨를 설명해주고 그 브리핑을 토대로 "오늘 비 온대. 우산을 준비하래."와 같은 말을 다시 해보기도 했다. 그러다 꿈이가 밥을 안 먹고 뱉는 날은 마음을 수양하기 위해 밥을 먹이다 말고 "친구야, 아이가 밥을 잘 안 먹어."라고 말을 하고, 그러면 친구는 화를 돋우는 멘트인 "죄송합니다. 무슨 말씀인지 모르겠어요."라든지 "그렇군요."와 같은 무미건조한 대답을 하기도 한다. 내가 하는 말에 대한 대답이 다양하게 돌아오니 꿈이와 대화할 만한 소재도 더 풍성해지고 밥 먹이다 말고 부글부글 끓어올랐던 내 화가 친구를 부르느라 누그러지니 참으로 똑똑하고 유용하다고 말할 수 있다.

그런 그 친구가 꿈이에게 너무 익숙해졌는지 꿈이는 자기가 보고 싶은 영상이 있을 때 제법 비슷하게 "친구야, 뽀로로 틀어줘."와 같은 말을 하기도 하는데 이 역시 처음에는 우물우물 전혀 알아듣지 못하는 말로 이야기하니, 친구는 "친구야"라는 부름조차 듣지 못해 깜깜무소식이었다. 정확한 발음의 필요성을 전혀 느끼지 못하던 아이가, 그리고 스스로 뭐든지 할 수 있었던 꿈이가 친구를 부르는 활동에 어려움을 느끼게 되자 밤낮으로 친구를 외치곤 했는데, 어떤 날은 친구를 갈구하는 그 모습이 너무나 안타깝게 느껴져 AI 명령어를 다른 말로 바꿔야 하나 하는 생각마저 들게 됐다. 그렇게 오랜 시간에 걸쳐 완성된 '친구야'라는 발음 덕분에 내가 보고 있는 TV를 "친구야 TV 꺼."라는 말로 꺼버리기도 하고 얻어걸린 발음으로 "친구야 워킹워킹 틀어줘."라고 하며 정말로 유튜브에서 영어 동요를 검색해버리기도 한다. 꿈이의 발음이 완성될수록 점점 성공률이 높아졌는데, 그중 열에 아홉은 성공하는 말이 "친구야, 리모콘 찾아줘."와 "친구야, 지금 몇 시니?"이다.

능력자 아드님이 시도 때도 없이 리모콘으로 TV를 틀어대서 수납장 속에 리모콘을 숨겨놓는데 꿈이는 그 리모콘을 찾아내기 위해 몇 날 며칠을 갈고닦아 '리모콘 찾아줘'라는 발음을 완성했다. 어이없음과 대견함이 공존하여 그 말을 하는 꿈이가 얼마나 귀엽고 예뻤는지 모른다.

이사를 온 후 마땅한 어린이집을 찾을 수 없어 거리가 좀 있는 곳으로 노란 버스에 태워 보냈던 시기가 두 달 정도 있었다. 우리 아이들은 4~5시 정도에 기상하여 하루를 시작하는데 밥 먹고 씻고 옷 입고 청소를 해도 버스를 타는 시간인 8시 37분이 한참 먼 경우가 대부분이었다. 화장실 앞에서 아이 옷을 입히며 기가 빨릴 때는 기분 전환 차원에서 "친구야, 지금 몇 시니?"라고 외치곤 했다. 그런데 그것도 몇 달간 들으니 꿈이에게 입력이 될 수밖에 없었는지 요즘 들어 하루 종일 "지금 몇 시니?"라는 말로 소통을 시도하는데 모르는 사람이 보면 1분 1초가 아쉬운 사업가인 줄로 알 것만 같다. 아직 아쉬운 점은 친구가 몇 시인지 알려주는 것에는 도통 관심이 없고 일단 몇 시인지 물어만 보는 수준이라는 것. 친구가 8시 30분이라고 말을 해주는데 왜 또다시 몇 시라고 묻는 것인지 알 수가 없다. 이 상황을 어떻게 하면 또 꿈이에게 맞게 전환시킬 수 있을까 하다가 요즘은 "오늘은 5월 31일 금요일이야. 지금은 8시 30분이야."라는 말을 해주고 있는데, 이 또한 반복되면 꿈이가 날짜와 요일 개념까지 섭렵할 수 있을까?

시중에는 IPTV의 인공 지능이 아니더라도 간단하게 대화 가능한 많은 프로그램이 있다. 휴대폰 어플도 있고 인공 지능 스피커도 있다. 아이에게 지속적인 인풋을 제공해줄 수 없다면 이러한 도구를 활용해보는 것도 좋다. 이때 주의할 점은 아이가 '내 발음이 이상해서 못 알아듣나 보다.' 라는 생각으로 자신감을 잃지 않도록 해야 하는데, 나는 "친구가, 잘 안 들리나 봐. 다시 한번 또박또박 말해보자."라든지 "친구가 쿨쿨 자네."라는 식으로 말해줬다. 또한 엄마의 말도 '친구'가 잘 못 알아듣는 때가 많음을 인지시키고 "친구가 왜 못 알아듣지?" 하며 함께 웃어보기도 했다.

자기가 말을 좀 한다고 생각했는지 아이가 34개월 무렵부터는 "이거 뭐야?"라는 말을 하루에도 몇 번씩 하기 시작했다. 만 1~2세의 아기들이 주로 "이거 뭐야?" 하고 돌아다닌다고 하니 이 무렵까지도 꿈이는 쭈욱 9개월 정도 차이로 열심히 따라가고 있었던 것 같다. 시도 때도 없이 "이거 뭐야?"라고 물어보곤 하지만 세상에 태어난 지 얼마 안 된 둘째와 함께인 데다 추운 겨울이 다가오고 있어서 더 많은 세상을 구경시켜주지 못한 것이 지금 생각하면 참 아쉬운 일이다.

'이거 뭐야'라고 외치는 시기의 아이들은 자신의 생각을 말로 표현하게 되며 단어 결합도 가능해지고 어휘량도 폭발적으로 늘어 50~100개 정도의 명사를 사용한다고 하는데, 내 기억에 꿈이는 이

때 아무리 많아도 50개가 안 되는 명사를 습득하고 있었던 것 같다. 대신 이 시기에 나는 꿈이의 '이거 뭐야'를 전혀 귀찮아하지 않고 열심히 대답해줬으며 따라 해보게 시키기도 했다.

꿈이는 주로 경찰차, 소방차, 버스와 같은 자기가 흥미를 느끼는 사물에 대고 '이거 뭐야'를 외쳤는데, 사실 꿈이는 그게 무엇인지 잘 알고 있었고 확인받고 싶고 자랑하고 싶은 마음이 더 컸었다.

처음에는 주로 대답을 듣기만 하던 꿈이가 어떤 날은 "아니야, 견찬차."라고 말하기도 하고, 자신이 가리킨 사물이 '버스'인데 내가 잘 못 보고 그 옆에 있는 '은색 자동차'를 지목하면 "버스!"라고 외치며 나를 가르치려 들기도 했다.

그래서 처음엔 단순히 대답만 해주다가, 따라 해보게 하다가, "뭐라고 생각하는데?"라고 되물어도 보다가, "가르쳐줘."라고 말하기도 하고 "버스, 버스에 사람들이 타고 있네."라고 말하기도 했다.

이 시기의 아이는 엄마의 음성과 크기를 따라 하고, 억양과 음성을 통해 다른 사람들과 의사소통하고 상호 작용하는 방법을 배운다고 한다. 다시 말해 아기의 질문을 귀찮아하거나 쌀쌀맞은 말투로 되받으면 안 된다는 말이다. 내가 그 시기에 100% 아기의 말에 친절한 응답을 했다고는 확신할 수 없지만 최선을 다해 대답해주고 가르쳐주고자 한 것도, 말을 배우는 것을 넘어서 인간으로서 갖춰야 할 성격 형성에도 지대한 영향을 끼치는 시기라는 사실을 알고 있었기 때문이다. 과연 우리 아기는 엄마의 이런 마음을 온전히 다 받았을까? 내가 부족하진 않았는지 걱정이 되긴 한다.

어린이집 등원 시간, 아파트 정문을 나서면 더 먼 곳의 어린이집으로 향하는 아이들의 노란 버스가 쉴 새 없이 들어왔는데 꿈이는 쉴 새 없이 "이거 뭐야? 이거 뭐야? 이거 뭐야?"를 외쳤다.

하루는 노란 버스라고 하고, 하루는 유치원 버스라고 하고, 하루는 노란 버스라고 하다가 통일을 해줘야 할 것 같아서 '노란 버스'라고 명명했다. 그러고는 '노란 버스가 친구들을 태워간다.', '노란 버스 타고 싶어요?', '노란 버스는 어린이집에 가는 버스야.' 이런 식으로 낱말의 수를 증가시켰는데, 어느 날 창가에 앉아 있던 꿈이가 저 멀리 보이는 노란 버스를 보고 "노란 버스 타고 싶어요. 같이 놀자."라고 말하는 모습을 보고 '저런 말도 할 줄 아는구나.' 하는 반가움과 동시에 '어린이집을 옮기고 싶은 건가?' 하는 생각도 하게 되었다.

그 무렵 나는 자동차 모양의 동화책을 구입했다. 꿈이가 차에 관심이 많은 것 같아서 주로 장난감을 사줬는데 차 모양으로 된 동화책을 읽으니 종일도 읽을 기세라 전집을 구입했다. 소방차, 경찰차, 청소차, 이삿짐차 등 다양한 차 모양의 책들이 있었는데 처음엔 멋

있는 소방차와 경찰차, 구급차에만 관심이 있어서 다른 책을 읽어줄 때 자기 할 일에 바쁜 모습이었다. 그래서 '나만 괜히 입 아프게 떠들고 있군.' 하는 마음을 감출 수가 없었는데 눈은 다른 곳에 있어도 귀는 분명히 열려 있다는 것을 알게 된 사건들이 몇 번 있었다.

노란 버스 책 내용 중에는 '버스에 타면 안전벨트를 해요. 친구와 큰 소리로 떠들면 안 돼요.'라는 내용이 있었다. 어느 주말에 아이와 함께 자동차를 타고 가고 있는데 동생이 카시트에서 폭풍 옹알이를 시작하자, "쉿, 떠들면 안 돼."라고 말하며(매우 부정확했지만 엄마 아빠 귀에는 분명 그렇게 들렸다.) 노란 버스 책의 내용을 떠올리는 것 같았다. 그리고 또 다른 어느 날, 남편과 함께 얼마 후에 있을 제주도 여행에 관해 이야기하고 있는데 갑자기 '공항버스' 책을 갖고 와서는 '한라봉'이라는 말을 해서 깜짝 놀라기도 했다.(그 책 내용이 제주도로 가족 여행을 가는데 공항버스를 타고 공항에 가서 비행기를 타고 제주도에 도착하는 내용이다.) 세상에! 그런데 사실 그 단어가 정말 한라봉이었는지 40개월 현재 조금 의심스럽긴 하다. 지금은 한라봉을 보고 귤이라고 말하고 있기 때문에.

이 시기의 아이들은 아는 단어 수는 많지 않지만 말을 하려고 노력하고 낱말의 의미를 이해하기 위해 안간힘을 쓴다. 정상적인 속도로 언어가 발달하고 있는 경우에는 실물 자료 없이 "우리 지난번에 비행기 탔지?"라고 말을 해도 '비행기'라는 사물의 이해에 무리가 없지만 다소 늦은 속도의 아이들은 책이나 그림, 실물을 보며 '비행기'를 가르쳐야 더 많은 도움을 받을 수 있다. 실물 자료 없이 갑자기 공항버스 책을 갖고 온 꿈이가 어떤 속도인지 규정하기가 애매하다는 점이 내가 꿈이를 혼자 힘으로 끼고 있는 이유 중 하나인 것 같다. 어느 포인트에서 흡수하고 있는지 알 수가 없어서 하루 온종일 쫑알대줘야 하니 맥이 빠질 때도 많지만 분명한 건 꿈이는 하루하루 발전하고 있다는 것이다.

'이거 뭐야?' 의 시즌이 지나면 '왜요?'의 시즌이 온다. 보통 '이거 뭐야'를 통해 아이는 어휘량을 폭발시키고 '왜요'를 통해 인과 관계 형성을 하는데, 사실 우리 아이는 '이거 뭐야'가 또래에 비해 늦기도 했지만 오래 가진 않았다. 대신 내가 옆에서 끊임없이 사물 이름을 이야기해준 덕에 대부분의 사물은 인지하게 되었다. 그 이후 '왜요'를 도출하기 위해 노력을 많이 했는데 내 욕심만큼 빠르게 되진 않았다.

왜냐하면 "자동차가 멈췄어요. 왜요? 빨간불이에요."와 같은 이야기는 쉽게 하지만, "왜 밥 안 먹어?"와 같은 일상 대화에서는 "배가 안 고파요."와 같은 대답을 쉽게 해주지 않았기 때문이다. 그래도 조급해할 필요가 없음을, 꿈이의 입이 트임과 함께 느꼈다. 자기가 필요할 땐 '왜요'에 대한 대답을 충분히 해 주기도 하고 일상 대화에서 살펴보면 '아파서-병원 간다/추워서-나가 놀 수 없다.' 등의 인과 관계를 잘 이해하고 있다는 확신이 들기 때문이다. 엄마표로 아이의 말을 트이게 하려고 노력한지 1년 정도 된 후 꿈이는 말은 약간 늦지만 별 걱정 없는 아이가 되었다. 아이의 언어가 발달하는 시기와 속도는 저마다 다를 수 있지만 조금 천천히 성장한다고 문제될 건 없다. 어차피 평생 말하고 살 거니까.

엘리베이터 놀이

어린이집 등하원 때문에 적어도 하루에 2번은 꼭 만나는 엘리베이터. 아기가 어려 잠만 잘 때는 '1층입니다.' 하는 그 음성에 아기가 깰까 봐 조마조마한 적이 한두 번이 아니었지만 아기의 말이 늦는 상황에서 이 소리는 반갑고 고마운 존재가 되었다. 엘리베이터 덕분에 아기는 스스로 숫자를 뗐는데, 처음에 1~10까지 읽을 줄 알던 것이 이제는 두 자리수는 거의 다 읽을 수 있게 됐다. 처음 1~10까지 읽기 시작했을 때 친구들 모임에 아이를 데려갔더니 말은 한마디도 하지 않다가 갑자기 하나에서 열까지 손가락까지 펼쳐가며 외쳐서 나 혼자만 뿌듯했었다.

나 혼자만 뿌듯했던 이유는 아직 아기가 없거나 결혼도 하지 않았거나 말을 아주 잘 하는 딸이 있는 친구가 있는 모임이었는데, 꿈이의 숫자세기 실력을 아무도 눈치채지 못했기 때문이다. 그 발음이 엄마 귀에만 정확하게 들렸는지 다들 두 눈 가득 물음표를 그린 채 '응?' 하는 표정을 보여서 "숫자 셌잖아!"라고 내가 말해 줄수밖에 없었다.

그래도 처음으로 말로써 어른들의 관심을 받은 게 숫자여서인지 몰라도 아이는 숫자를 여전히 좋아한다. 그래서인지 엘리베이터와 지하 주차장은 아이에게 너무 즐거운 공간이다. 주차장 기둥마다 쓰인 숫자를 읽기도 하고 자동차 번호판을 읽어보기도 한다. 처음엔 "무이다치타"라고 때와 장소를 가리지 않고 말하는 아기의 모습, 모든 숫자에 '층'을 붙여 말하는 모습이 걱정이 되긴 했는데 시간이 흘러 그 걱정 요소는 없어지고 스스로 놀이의 확장을 보이게 되었다.

예를 들어 사고뭉치 동생이 엘리베이터의 '비상 호출' 버튼을 눌러 경비 아저씨와 통화하게 됐을 때 충격이 컸는지 "동생, 경비 아저씨가 잡아가. 형이 지켜줄게."라고 말하며 때 아닌 보디가드 놀이를 하기도 하고 엘리베이터의 숫자 버튼 뿐만 아니라 다른 버튼, 조명, 문 등의 사물에도 관심을 갖고 엄마에게 물어보기도 한다. 눈높이가 딱 맞아 'HOLD' 버튼을 자꾸만 누르는 동생에게 "버튼을 누르지 마. 그럼 엘리베이터가 멈춰."라고 설명해주기도 하니 매일 만나는 엘리베이터가 커다란 장난감이 되어 아기의 언어에 도움이 되었음이 분명하다.

"무이다치타" 하고 말하던 것이 굉장히 오래전 일이라고 기억하고 있는데 기록을 살펴보니 불과 7개월 일이었다. 꿈이는 이제 분명한 발음으로 "문이 닫혀요. 얼른 들어오세요."라고 말을 하는 아이가 되었다. 숫자에 '층'이라는 단위를 붙이는 오류도 이제 보이지 않고 숫자에 집착하는 성향도 줄었다. 대신 그 후로 '읽기'에 관심이 많아졌는데, 어느 날 엄마 차, 아빠 차, 할머니 차 번호를 외워서 이야기하는 아이의 모습이 놀라서 치켜세워주니 주차장에 갈 때마다 다른 사람들 차 번호를 읽어달라고 하고 있다. 처음엔 글자나 숫자를 그림 문자 보듯이 읽고 있는 건지 글씨체가 조금 다르면 읽을 줄 아는 글자도 잘 못 읽더니 한글공부와 함께 눈도 트이는지 부지런히 읽고 있다.

꿈이가 차 번호판에 관심을 가지면서 내가 옆에서 언어적으로 도와줄 방법도 더 생겼다. "하얀색 자동차 번호는 뭐지?", "파란 자동차는 다른 차보다 높구나." 등등 차 모양을 묘사하면서 번호판에 다가가니 꿈이와 나눌 만한 대화의 소재가 많아졌고, 형과 엄마가 매일 차 하나하나를 손가락으로 가리키며 대화하는 게 부러웠는지 동생마저도 엘리베이터, 주차장 같은 공간에 가면 뭐라 뭐라 떠들고 있다.

동생 기저귀, 형님 기저귀 가져와요

자주성이 높은 꿈이의 언어능력을 높이기 위해 '심부름'만큼 좋은 방법이 또 있을까? 스스로 무엇인가 했다는 뿌듯함도 선사하고 수용 언어도 높이고, 엄마는 엄마대로 재미있고.

꿈이가 제일 잘하는 심부름은 기저귀 심부름이다. 동생은 4번, 꿈이는 5번이 쓰여져 있는 기저귀를 썼었는데 보통 저녁 때 동생과 꿈이를 순차적으로 씻기기 때문에 화장실 앞에 기저귀와 내의를 한꺼번에 세팅해놓곤 했다. 그런데 자꾸만 기저귀 세팅을 까먹어서 아이에게 "동생 기저귀, 형님 기저귀 가져와요."라고 말하면 꿈이는 의기양양하게 2개를 갖고 오는데 초반에 "4번은 동생 꺼, 5번은 꿈이 꺼."라고 외치며 알려주니 그 말을 반복하며 기저귀를 갖고 오는 모습이 너무 기특했다. 이렇게 소소한 심부름을 꿈이에게 시키고는 있지만 꿈이가 소리 없이 척척 해내는 경우(빨대 우유를 꺼내서 빨대를 꽂고 먹은 후 우유팩을 분리수거해놓는 일)들이 너무 많아 심부름을 시키지 못할 때가 있다. 그럴 때면 심부름을 위한 심부름의 향연이 시작된다.

"꿈이야. 아빠한테 배고프냐고 물어봐."

"꿈이야. 친구(인공 지능 스피커)한테 리모컨 찾아달라고 해."

"꿈이야. 동생한테 위험하다고 해."

꿈이의 발달과 성장을 위해 나는 게으름뱅이가 되어 꿈이에게 계속해서 미션을 주는데 한 번에 전달해주지 않을 때가 훨씬 많아 좌절할 때도 있었지만 여러 번 반복하다 보니 어느새 발음이 더 정교해졌다. 그리고 이 심부름 미션은 꿈이가 '위, 아래, 옆'과 같은 말들을 익히는 데 효과적인 역할을 했는데, 조금 답답한 과정이긴 하지만 꿈이에게 심부름을 시키며 기다려주니 꿈이 역시 결국 익혀나가게 되었다.

"꿈이야. 식탁 위에서 물티슈 좀 갖다줘."

"식탁 위?"

식탁 위를 외치며 식탁 밑을 바라보는 꿈이를 보며 속은 터지지만 차분한 어조로 다시 말해준다.

"응. 식탁 위. 꿈이 고개를 들어서 식탁 위를 봐요."

아기가 끝까지 식탁 위를 보지 못한다면 몸소 일어나 손을 잡고 식탁 위가 어디인지 알려줄 필요가 있다. 언어가 늦은 아이들에게는 직접 경험이 매우 중요하므로 뒤통수에 대고 백날 '식탁 위'라고 외쳐봤자 끝까지 못 찾을 수도 있기 때문이다.

"꿈이야. 소파 옆에 있는 자동차 정리해요."

"소파?"

쉽다고만 생각했던 '소파'라는 단어를 아이가 모르고 있었을 때의 놀라움. 내가 꿈이에게 소파라는 말을 쓴 적이 없나?

"응. 꿈이가 항상 앉아 있는 곳. 이게 소파야. 소파 옆에 자동차가 있네."

"소파 옆?"

직접 손을 잡고 손으로 가리켜가며 '소파'와 '옆'을 가르치는 것이 '심부름'이라는 목적과는 전혀 맞지 않지만 '심부름'이라는 구실을 통해 꿈이는 '소파'와 '옆'을 더 쉽게 인식할 수 있기 때문에 나는 꿈이에게 입력시키고 싶은 말들이 있으면 주로 심부름 기법을 이용했다.

"꿈이야. 냉장고 안에서 귤 좀 꺼내줄래?"

꿈이는 한때 1일 1귤을 했는데 날씨가 더워져서 하우스 밀감도 들어가버린 어느 날 밤새 '귤'을 외치며 냉장고 문을 열었다 닫았다 하는 모습에 무려 6개에 만 원을 주고 냉장고 안에 귤을 갖다 놨더

랬다. 그 전날 냉장고 앞을 서성이며 실망하던 꿈이의 모습이 너무 안쓰러워 꿈이가 어린이집에 간 사이에 마트 몇 군데를 돌아다니다 금귤을 찾아낸 것이다. 더 이상 냉장고 안에 귤이 없다고 생각한 꿈이는 그날 밤엔 냉장고를 여닫지 않았는데 엄마가 귤을 외치니 얼마나 반가웠을까.

🧑 귤? 그래 그래.

👩 꿈이야, 귤이 어디 있어?

🧑 ….

👩 냉장고 안에 있어.

🧑 냉장고 안에?

👩 응. 엄마가 냉장고 안에 귤을 넣어 놨어. 냉장고 안에 귤이 있어.

🧑 냉장고 안에 귤이 있어?

👩 귤이 냉장고 안에 있어요. 따라 해 볼래?

꿈이는 이제 빨리 따라 해야 자기가 목표한 무언가를 얻을 수 있다는 사실을 안다. 귤이 너무 먹고 싶은 꿈이는 그날 밤, 그 어느 때보다 모방 발화가 활발했다.

이제는 꿈이가 기저귀를 떼서 한동안은 5번 기저귀를 갖고 오라는 심부름을 시키지 못하게 됐다. 꿈이는 말이 늦어 배변 훈련을 미루고 미루다 40개월에서야 기저귀를 뗐다.

말이 늦은 아기의 배변 훈련, 막막하기만 하고 못 할 것이라 생각했는데 오히려 꿈이는 배변 훈련에 성공하며 더 빨리 말이 늘게 되었다. 그 전에는 '쉬야 마려워요.'라는 말을 한 번도 써본 적이 없는 꿈이가 배변 훈련 과정에서 시도 때도 없이 변기에 앉혀놓으니 "쉬야 안 마려워요.", "쉬야 아까 했잖아."와 같은 말을 하게 되었고 이에 대해 폭풍 칭찬을 하니 다른 문장도 구사했다.

배변 훈련의 성공으로 동생 기저귀 말고는 기저귀 심부름을 하지 않게 됐지만, 그래도 아직 집 안에는 무궁무진한 심부름거리가 있고, 꿈이가 알고 싶은 단어들이 쌓여 있다. 한동안 꿈이는 엄마의 비서로 엄마를 열심히 도울 것이고, 이를 통해 여러 어휘들을 만나게 될 것이다.

함께 설거지를 해봐요

아들 둘 육아는 언제나 바쁘다. 오늘도 내일도 늘 바쁘게 돌아간다. 그 와중에 난 살림도 잘 못하는데(안 하는데) 설거지 쌓아놓는 걸 너무 싫어해서 밥을 먹이고 난 후 아이들의 저지레를 치우고, 아이들을 씻기고 설거지를 하는 일련의 활동들이 매끄럽게 이어지지 않으면 너무 스트레스를 받는다. 그래서 식기 세척기 구입도 고민해봤지만 식기 세척기를 애정하는 지인의 말에 따르면 그야말로 설거지를 쌓아뒀다 한꺼번에 처리하는 게 이 문물의 매력이기에 나한테는 맞지 않단다.

둘째가 커가면서 내가 설거지를 하는 사이 두 아이가 싸우는 일이 자꾸만 생겨났다.

"엄마, 동생이 자꾸자꾸 자동차를 뺏어요."

꿈이가 달려와서 이런 말을 할 땐 어떻게든 개입은 해줘야 한다.

그러면 설거지의 흐름이 끊기기 때문에 너무 스트레스를 받아서 어느 날 갑자기 꿈이와 함께 설거지를 하게 됐다.

"꿈아, 엄마 도와줄래?"

"그래 그래."

그런데 이 활동을 통해 나는 또다시 아이의 새로운 어휘 확장의 경험을 맛봤다.

"반짝반짝 깨끗하게."

"꿈이가 그릇을 닦았어요."

"엄마, 이건 뭐예요?"

꿈이는 설거지만 하는 것이 아니라 냄비, 주걱, 국자, 프라이팬, 세제, 수세미와 같은 주방용품 어휘도 받아들였고 엄마의 새로운 잔소리 문장도 흡수했다.

"꿈아, 조심조심 하지 않으면 물이 튀어요."

"튀어요?"

"꿈이가 물을 튀게 해서 옷이 젖었어요."

"꿈아, 거품이 남지 않게 깔끔하게 헹궈봐요."

주방 놀이 장난감을 갖고 놀 때에는 쓰는 어휘가 한정적이었는데, 함께 직접 설거지를 해보니 생기는 변수만큼 다양한 어휘가 나오고 꿈이도 더 쉽게 받아들여 비록 저지레로 인한 뒷처리 문제는 생겼지만 매우 만족하고 있다. 돌밖에 안 된 둘째가 자기도 하겠다고 의자 위로 올라오는 문제만 해결된다면.

　아이와 함께할 수 있는 집안일은 다양하다. 쌀 씻기, 식탁 차리기, 정리정돈 하기 등. 엄마가 마음을 조금만 비우면 아이와 함께하는 시간 동안 정서적인 교감과 함께 어휘력 향상을 맛볼 수 있다. 물론 처음부터 무작정 '쌀을 씻어보자.'가 아닌, 다 씻어놓은 단계에서 아이가 조물조물할 수 있게 도와준다든지, 볶음밥 재료를 다 다져놓은 상태에서 아이가 장난감 칼로 다질 수 있도록 돕는다든지, 수고로움 속에서 아이가 더 무럭무럭 커갈 수 있는 건 부정할 수 없는 사실이다.

울면 안 돼!

언젠가부터 우리 집은 작은 학교가 되었다. 앞서 잠깐 '환경미화'에 대한 이야기를 했듯이 학교에서 교실 뒷편을 아이들 작품으로 꾸미듯 우리 집 거실 한쪽 벽은 아이들 차지가 되었다. 겨울을 맞이하여 겨울과 관련된 대화도 하고 벽면도 함께 꾸며봤는데 직접 만든 작품으로 벽면을 꾸미며 그런지 언어뿐만 아니라 인지의 발달도 함께 따라주는 느낌이다.

"시원한 가을이 가고 추운 겨울이 왔어요."

"가을아 안녕. 다음에 또 만나!"

"겨울아 반가워. 사이좋게 지내자."

"겨울은 아주 추워요. 감기에 걸리지 않도록 조심해요."

처음엔 이 정도로 이어지던 겨울 대화는 어린이집에서 이뤄진 활동, 매체를 통해 들리는 정보와 함께 점점 더 풍성해졌다.

🧑‍🦰 벌써 12월이네. 이제 꿈이는 한 달만 있으면 5살 형아야.

🧒 5살?

🧑‍🦰 응, 꿈이는 지금 몇 살이지?

🧒 네 살! 꿈이는 4살이야.

🧑‍🦰 그래. 그런데 한 달 후에 꿈이는 5살이 될 거야. 12월에는 크리스마스도 있어.

🧒 크스마?

🧑‍🦰 크.리.스.마.스. 크리스마스에는 산타 할아버지가 오셔서 착한 어린이에게 선물을 줘.

처음 크리스마스에 대해 설명할 때만 해도 밤중에 찾아오는 산타 할아버지에 대해 공포를 느꼈는지 꿈이는 자다 깨서 엉엉 울기도 했고 산타 할아버지가 안 왔으면 좋겠다는 말을 하기도 했다. 생각해보니 3살 때 있었던 크리스마스 행사 때 하얀 색 수염을 붙이고 선글라스로 얼굴을 가리고 온 산타 할아버지를 보고 깜짝 놀라 엉엉 울었던 기억이다. 그래도 이제 4살이라고 '착한 어린이에게 선물을 주는 할아버지'가 기다려지긴 하는지 밥을 잘 먹은 후에, 책을 열심히 읽은 후에, 동생을 도와준 후에 "산타 할아버지가 선물을 줘야겠다. 꿈이가 착해서."라는 말을 입에 달고 살았다. 한껏 크리스마스 분위기를 느끼게 하기 위해 아침저녁으로 크리스마스 캐롤을 들려줬는데 꿈이뿐만 아니라 동생까지 노래를 흥얼거리며 신이 나 있었다.

"자, 모두 잠잘 시간이에요. 장난감 정리하고 얼른 들어오세요."

5살을 바라보고 있는 꿈이는 7시 정도만 돼도 장난감을 정리하고 방에 들어가는 일이 자연스러운 일상이 되었지만 동생은 더 놀고 싶은 마음에 한바탕 울다가 잠이 들곤 한다. 잠자기 싫어서 고래고래 소리를 지르며 울다가 잠이 드는 둘째에게 익숙해진 나는 그저 이 시간이 지나가길 바라며 토닥거릴 뿐인데 갑자기 꿈이의 잠자리 레퍼토리가 하나 추가돼버렸다.

"울면 안 돼, 울면 안 돼. 산타 할아버지는 우는 아이에게 선물을 안 주신대. 잠잘 때나 일어날 때, 짜증 날 때 장난할 때도 산타 할아버지는 모든 것을 알고 계신대!"

꿈이가 동생을 위로하며 이렇게 노래를 부르고 나면 신기하게도 동생은 안정을 찾고 울음을 그치곤 하는데 그때마다 있었던 폭풍 칭찬이 강화가 되었는지 꿈이는 잘 시간마다 우는 동생 달래기에 여념이 없다.

"엄마가 섬 그늘에~ 굴 따러 가면. 아기는 혼자 남아~"

"동그라미 그리려다 무심코 그린 얼굴~"

"사랑해요. 이 한마디 참 좋은 말~"

어린 시절부터 불러줬던 노래를 총동원해가며 한껏 노래를 부르

우리 아이가 말이 늦어요

다 동생이 안정이 되면 본인도 지쳤는지 스르륵 잠들어버리는 형님 꿈이가 늘 고마울 뿐이다.

월별 추천 활동

• 1월

만나는 사람마다 "새해 복 많이 받으세요." 인사하기

새해 다짐하기

"나는 이제 ○살이야. 작년에는 ○살이었는데 이제 ○살 형님이 되었어."

설날 준비하기, 가족·친척과 관련한 어휘 익히기

• 2월

학기 마무리 대화하기 "○○반 친구들은 이제 ○○반 형님반으로 올라 갈 거야. 동생은 ○○반이 될 거야."

가정 상장 수여식 "○○반에서 꿈이가 1년 동안 착한 일을 많이 해서 주는 상이야. ○○반에서도 잘해보자."

감사 인사하기 "선생님 그동안 잘 가르쳐주셔서 감사합니다."

정월 대보름 알기 "올해 처음으로 큰 보름달이 떠오르는 날이야. 달님 에게 소원을 빌러 가자."

• 3월

새 학기 준비하기 " ○○반에서 새로운 선생님, 친구들과 즐겁게 지내자. "

봄에 대한 이야기하기, 봄과 관련된 노래 익히기, 날씨에 대해 이야기하기, 가벼워진 복장에 대한 대화 나누기

• 4월

식목일 이야기하기, 봄 소풍에 대해 이야기하기

• 5월

근로자의 날, 부처님 오신 날, 어린이날, 어버이날, 스승의 날에 대한 대화하기

• 6월

더워지는 날씨에 대한 이야기하기 "이제 날씨가 더워져서 반팔 옷을 입고 다닐 거야. "

꽃과 나무의 변화 비교하기 "추운 겨울에는 나뭇잎이 없었는데 이제 초록색 잎이 많이 생겼어. "

현충일 이야기하기

우리 아이가 말이 늦어요

- 7월

  여름에 대한 대화하기, 여름 관련 노래 익히기, 여름 휴가 계획 세우기, 어린이집 여름 방학에 대해 설명하기

- 8월

  여름 휴가 떠나기, 여행 가방에 넣을 짐과 장난감에 대한 대화하기, 이동할 때 이용할 교통수단에 대한 대화하기

- 9월

  가을에 대한 대화하기, 추석 준비하기, 가족·친척과 관련한 대화하기

- 10월

  개천절, 한글날 관련 대화하기, 가을 소풍에 대해 이야기하기

- 11월

  겨울에 대한 이야기하기, 겨울 관련 노래 익히기, 날씨와 자연환경의 변화에 대해 대화하기

· 12월

한 해 마무리하기, 크리스마스에 관한 노래 및 대화하기

언어라는 건 어차피 사람이 살아가는 데 필요한 하나의 수단이기 때문에 시의성을 무시할 수는 없다. 책과 함께, 여러 가지 치료 기법과 함께 아기의 언어는 늘 수 있지만 이 언어를 활용할 바탕이 되는 사회와 관련된 주제의 대화를 익히는 건 가정에서 자연스럽게 이뤄져야 하는 일이다.

어린 시절부터 시기에 맞는 대화와 활동, 환경을 꾸며주며 해마다 이에 맞는 요소를 곁들여주는 것은 육아를 하고 있는 모든 과정에서 이뤄지는 일이지만 바쁘게 지내다 보면 지나쳐버릴 수 있는 너무 사소한 일이기도 하다. 분명한 것은 아기는 장난감으로, 책으로 분절되어 진행되는 활동보다 생활 속의 이 시의적인 활동을 더 자연스럽게 느끼고 습득한다는 것이다.

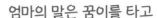

18개월을 향해 달려가는 동생은 부쩍 떼가 늘었다. 18 하고 욕이 나와서 18개월이라는 소문 답게 동생은 떼 부리기 우등생이 되었다. 뭘 하든 일단 무조건 '아니야.'라고 말을 하고 무작정 울고 버티기 돌입이다. 어떤 날은 너무 화가 나서 2살밖에 되지 않은 아기를 훈육한답시고 달래주지 않는데 그럴 때마다 꿈이는 형님 노릇을 톡톡히 하고 있다.

🧒 엄마, 행복이가 울어요.

👩 응. 엄마도 봤어. 그런데 행복이는 지금 떼를 쓰고 있어서 엄마가 모르는 체하고 있어.

🧒 엄마, 행복이가 슬퍼요.

👩 꿈아, 엄마도 봤어. 그런데 엄마는 달래줄 수가 없어.

엄마, 동생은 아기라서 잘 몰라요. 엄마가 안아주세요.

엄마와 행복이의 기 싸움을 더 이상 볼 수 없었던 꿈이는 육아 선배가 되어 두 사람 사이를 중재하려 나섰다. 나는 분명 동생의 떼쓰는 고집을 꺾어주고 싶은데 따뜻한 마음을 가진 형님이 아기를 이해하고 안아주라니 도저히 혼낼 수가 없는 상황이다.

꿈이가 입도 뻥긋하지 않던 30개월, 갑자기 꼬물거리는 몸으로 우리 집에 찾아온 동생, 혼자 갖고 놀던 장난감도 나눠야 하고 작아진 옷도 물려줘야 하고 밥 먹는 시간, 잠자는 시간에도 동생에게 엄마를 양보해야 했던 꿈이에게 엄마 아빠는 늘 "동생이 잘 몰라서 그래. 꿈이가 이해해줘. 동생 사랑해 하고 안아줘!"라고 말해왔다. 행여나 그것이 꿈이의 자존감을 떨어뜨리진 않을지 걱정하면서도 동생을 잘 챙겨주고 사랑하는 형님이 되려니 하던 마음인데, 엄마 아빠의 그 말이 꿈이의 마음을 타고 다시 돌아오다니 벅찬 감동까지 느껴졌다.

하루는 밥을 먹이기 위해 두 아기를 앉혀 놓고 국물을 식히고 있었다. 그 참에 좀 쉬어가고자 커피를 타고 있는데 갑자기 꿈이가 행복이에게 밥을 먹이겠다고 들이대기 시작했다.

"아~해봐. 아~!"

"어허. 아~해야지!"

"옳지. 호호 불어 먹어. 뜨거우니까. 호~~"

평소 꿈이에게 밥을 들이미는 내 모습과 너무 똑같아서 웃기기도, 부끄럽기도 했다. 밥 먹일 때 멘탈 관리를 잘해서, 화 좀 내지 말아야지 하는 반성도 함께.

그 후로도 종종 꿈이는 언젠가 입력된 엄마, 아빠의 말을 다시 해주곤 한다. 그중 가장 많이 하는 말은 '미안해, 괜찮아, 사랑해, 고마워'지만 은연중에 내비친 엄마, 아빠의 지친 마음을 출력하기도 한다.

"엄마, 왜 한숨 쉬어? 힘들어?"

하루에 10번은 한숨을 쉬고 체력이 쉽게 바닥나는 엄마라 너무 미안해. 엄마가 관리 열심히 잘해서 숨도 고르게 쉬고 방긋방긋 웃어줄게.

마푸개시가 뭐야?

    행복이를 임신했을 때였던 것 같다. 자기 전 꿈이가 계속 구시렁 구시렁 무슨 말을 하곤 했는데 말이 제대로 트이지도 않았을 때였기 때문에 도대체 무슨 말인지 몰라서 답답한 마음이 들었었다. 그런데 꿈이의 말에 귀를 기울이다 보니 특정 음절이 반복되는 것 같아 아기의 말을 녹음해서 계속 들어보곤 했다.

    행복이를 낳고 나서도, 그리고 가열차게 엄마표 언어치료를 하면서도 꿈이의 특정 음절에 내 귀가 트이곤 했는데, 그 중 '마푸개시'라는 말이 자주 들려왔다.

    "꿈이야, 마푸개시가 뭐야?"

    "마푸개시는 마푸개시야."

    "그니까 마푸개시가 뭐냐고."

    "그것도 마푸개시야."

"마푸개시?"

"응, 마푸개시는 마푸야."

도대체 무슨 말인지 모르겠지만 아기는 상당히 오랜 시간 동안 '마푸개시'라는 말을 하곤 했다. 처음에는 맥시코시로 들렸던 이 말이 점점 진화하여 마푸개시라는 말로 들리는가 하더니 언젠가부터는 '마뿌개시'가 되어서 꿈이가 뭔가 하고 싶은 말이 있긴 하구나 하는 생각만 들 뿐이었다. 그런데 최근 비로소 마푸개시가 무엇인지 알 수 있게 되었다. 어린이집 하원 후 우리 집으로 친구를 불러 놀고 있던 중 귀를 의심할 만한 말을 하는 꿈이를 발견했다.

"에이씨!"

근처에 있던 친구 엄마에게 나는 멀리서 내가 잘못 들은 것이라 생각하며 말했다.

"언니, 지금 꿈이가 뭐라고 한 거야?"

"글쎄, 내가 잘 못 들은 거 같아."

"나도 비슷하게 들은 것 같아서, 혹시 에이씨라고 한 거야?"

"응, 나도 그렇게 들었어."

깜짝 놀란 나는 저녁상 차리기를 중단하고 꿈이에게 달려왔다.

"꿈이야, 방금 뭐라고 했어?"

"…."

"엄마가 잘 못 들은 것 같아서, 다시 말해볼래?"

"에이씨라고 했어."

우물쭈물 우리 꿈이의 입에서 다시 한번 에이씨라는 말이 튀어나왔다.

"꿈이야, 에이씨라니! 에이씨는 나쁜 말이야. 그런 말을 도대체 어디서 배웠어!"

"이모!"

"이모? 10층 이모?"(10층 이모는 10층에 살고 있는 꿈이의 친이모다.)

"아니, 이모!"

꿈이는 손가락으로 옆에 있는 친구 엄마를 가리켰다. 순간 우리 둘은 눈이 마주친 채 빵 터지고 말았다.

"꿈이야, 이모가 언제 에이씨라고 했어!"

그 언니와 나는 민망함에 웃으며 사태를 수습하려 했지만 몇 분 후에 언니가 자기도 모르게 에이씨라고 또 한 번 말함으로써 확실히 이모한테 배웠음이 드러났다. 어쨌든 꿈이는 이어서 말했다.

"에이씨는 마쁘야?"

"응. 에이씨는 나쁜 말이야. 꿈이가 하면 안 되는 말이야."

"아이참이라고 해야 해?"

"응. 속상한 일이 있으면 아이참! 속상하다라고 하는 거야."

"응. 알겠어. 에이씨는 마쁘개시야."

드디어 알았다. 1년여간 내 주위를 맴돌던 그 단어 마쁘는 '나쁜'

우리 아이가 말이 늦어요

이라는 뜻이었던 것이다.

"꿈이야. 마뿌개시는 나쁜 뜻이야?"

"응. 마뿌개시야."

"나. 쁜. 뜻. 이. 야. 해봐."

"나쁘뜨시야."

꿈이는 요즘 부쩍 발음도 늘고 상황에 맞는 이야기들을 스스로 하고 있다. 1년간 엄마가 마뿌를 알아차리지 못해 얼마나 답답했을까? 이제 그 답답함이 지겨운지 엄마가 잘 알아듣지 못하는 것 같으면 한 글자씩 떼어 말하기도 하고 손가락으로 가리키기도 한다. 내 목표는 53개월까지 우리 아기의 모든 말을 다른 사람들도 알아듣게 하는 것이다. 또 한 번 열심히 달려보자 꿈아!

아이의 입을 막는 생활 패턴

꿈이 하나만 키웠다면 미처 알지 못했을 나의 잘못을 요즘 행복이의 발달을 보며 깨닫는다. 꿈이는 온실 속의 화초처럼 자랐다. 돌까진 문화 센터가 아니면 사람 만날 일이 없었고 돌 이후에는 엄마의 복직과 함께 어린이집에 맡겨져 이른 사회생활을 했다.

처음엔 꿈이가 어린이집에 일찍 가서 말이 늦나 하는 죄책감에 시달렸는데 9개월에 어린이집에 간 행복이가 빠르게 말을 시작하는 걸 보면 엄마의 육아 방식이 아기의 언어에 영향을 줬다는 생각이 든다. 꿈이 하나를 키울 때나 행복이 하나를 키울 때나 엄마는 여전히 수다쟁이다. 다만 수다의 객체가 다를 뿐이다.

꿈이가 외동이었던 시절, 하루는 '꿈이 기상-꿈이 식사-꿈이 세수-꿈이 준비-어린이집 등원'으로 시작되었고 그 시간 동안 엄마가 꿈이에게 말을 걸어줄 여유가 없었다. '빠른 시간 내에 밥을 먹이고 등원을 해야겠다.'라는 목표가 너무나 확실하여 전투적으로 그 일과를 수행했다. 행복이가 태어났고 꿈이에게 마련된 온실은 사라졌다. 둘 중 하나가 일어나면 엄마가 눈 비빌 틈도 없이 육아는 시작되었는데, 엄마는 고작 30개월밖에 안 된 꿈이를 양육 동반자로 지정했다.

"꿈이야, 행복이 우네. 가서 놀아줘. 엄마 씻느라 방에 못 들어가서 그래. 부탁해!"

처음 이 황당한 제안을 했을 때 꿈이는 들은 척도 하지 않았다. 무슨 말인지 못 알아들었으니 당연하지만 나는 씻다 말고 나와서 꿈이에게 다시 지시를 내렸다. 조금 더 자세히. 활동을 덧붙여가며.

"꿈이야, 행복이 울잖아. 가서 '울지 마 예쁘다.' 해줘."

엄마 손에 이끌려 억지로 아기 침대에 다가가 꿈이는 지시대로 따라야 했다. 신기한 건 그러고 나면 행복이는 잠시 동안 덜 울었고 꿈이는 형님 역할을 충실히 한 대가로 엄마에게 폭풍 칭찬을 받았다.

"엄마 너무 행복해! 꿈이가 엄마를 잘 도와줘서 엄마가 편하게 씻었어. 고마워!"

엄마의 칭찬과 함께 꿈이는 스스로 무언가를 하려 했다. 그래서 아주 자주 동생을 넘어뜨리기도 하고 반찬을 엎기도 하고 사고를 치기 일쑤였지만 엄마는 개의치 않았다. 과거의 나였다면 나라가 망했나 싶은 반응과 함께 달려갔겠지만 이 정도 사고로는 나라도 망

하지 않고 아이들도 무사하다는 것을 이제는 알고 있다. 대신 그 행동을 하지 않아야 하는 이유를 꿈이가 '알아듣지 못하지만' 설명했다.

🙂 꿈이야. 행복이를 이렇게 심하게 흔들면 안 돼. 아기는 아직 중심을 잡지 못해서 쾅 하고 넘어져.

🙂 넘어져?

🙂 응. 쾅 넘어져. 넘어지면 아기가 아파.

🙂 아파?

🙂 응. 아파서 병원에 가야 할 수도 있어.

🙂 의사 선생님 만나?

🙂 응. 의사 선생님 만나.

장황한 설명을 하고 나면 꿈이는 꼭 일부 알아들은 단어만 되묻곤 했는데 그에 관해 설명하다 보면 나름대로 핑퐁 대화가 이어지기도 했다. 과거의 나였다면 '하지 않아요' 하고 넘어갔을 텐데 그러한 사소한 습관 하나하나가 아이의 입을 막아버렸던 것은 아닌지 또 한 번 반성한다.

꿈이와의 등원길도 마찬가지다. 의도한 바는 아니지만 우리 둘째는 생후 50일 정도부터 형님의 등원길에 함께하게 되었는데 아기

우리 아이가 말이 늦어요

띠에 폭 껴안은 둘째에게 쉴 새 없이 쫑알거려주는 습관이 생겨버렸다. 첫째 때에는 어떻게든 바깥바람을 차단해주기 위해 유모차에 넣어 방풍 커버를 씌운 채 빠르게 집으로 들어와버리거나 아기띠를 둘렀을 때에도 재우기 바빴는데 둘째와는 (둘째는 유모차를 거부하고 외출 중 아기띠에서 잘 자주지 않기 때문에) 대화를 할 수밖에 없었다.

"형님이랑 어린이집 갈 거야. 어린이집. 어린이집."

"형님이 킥보드를 타고 가네. 킥보드. 킥보드. 하늘색 킥보드."

"행복아. 여기 나무가 있네. 나.무!"

"형님들이 학교에 간다. 학.교!"

"행복이 왜 울어요? 화가 났어? 화가 났어?"

"형님이랑 병원 갈 거야. 형님이 감기에 걸렸대. 콧물이 났대. 아프겠다. 그치?"

그렇게 첫째 때와는 전혀 다른 수다스러움 속에 둘째는 상호 작용을 좋아하는 아이로 거듭났다. 조상님 중 누군가, 혹은 우리 부부 중 누군가가 그랬는지는 몰라도 본질적으로는 우리 둘째도 다람쥐형이다. 쉴 새 없이 무언가에 집중하여 혼자만의 세상 속에서 잘 논다. 그런데 꿈이와 달리 행복이는 소통을 원한다. 본인의 세계 속에 엄마의 수다가 배경 음악으로 함께하길 바란다. 특히, 형님과 있는 시간엔 더더욱 엄마의 수다를 필요로 한다.

아이의 안전을 염려하여 아이의 언어 환경을 막아버리는 것은 결국 아이의 입을 막고 과묵하게 만드는 길이다. 아이가 유모차를 잘 탄다고, 잘 잔다고 해서 종일 유모차에 태워 재우며 산책할 것이 아니라 책 속의 꽃과 나무, 새들의 실물을 직접 함께 보며 이야기 나눌 필요가 있다. 오늘도 엘리베이터에서 만난 사람들에게 인사를 시키고 시끌벅적 떠드는 내 모습을 보며 새삼, 왜 아줌마들이 그렇게 아무하고나 말을 섞고 친분을 쌓는지 알 것 같다.

"꿈이 행복이, 형님한테 안녕하세요 인사하세요. 어휴 잘한다! 형님은 학교 가나 봐. 형님. 형님! 어휴 잘한다."

아이가 없을 때의 내 모습 같으면 상상이나 되었겠는가. 어쩌겠어. 나도 이렇게 엄마가 되었는걸.

· TIP ·

함께 나눌 수 있는
일상

1. 집안일

• **장난감 정리**

꿈이야, 장난감 정리하자.

큰 자동차는 서랍에, 작은 자동차는 바구니에 넣어요.

장난감 정리의 규칙을 세우고 아기가 체계적으로 정리할 수 있도록 하면 색깔과 크기 등의 기준에 맞는 분류개념도 익힐 수 있어요.

• **설거지하기**

꿈이야, 엄마 설거지 도와줄 수 있니? 접시는 접시끼리, 숟가락은 숟가락끼리.

설거지를 하다 보면 생기는 돌발 상황에 맞게 다양한 어휘를 경험할 수 있어요.

• 후식 준비하기

꿈이야, 엄마가 사과 깎아줄게.

조심조심 동생 갖다줄 수 있니?

후식 준비 활동에 아이의 도움을 요청하면 아이가 어려운 일을 해냈다는 성취감을 느낄 수 있음과 동시에 평소 엄마가 그러하듯 "동생아 맛있게 먹어."와 같은 자발화도 이끌어낼 수 있어요.

• 하원 후

꿈이야. 신발 정리 좀 도와줘요.

꿈이야, 벗은 옷은 세탁기에 넣어줄래?

손을 깨끗하게 씻어볼까? 힘껏 물비누를 눌러서 비누를 짜요. 문질문질.

하원 후 신발을 벗고, 옷을 정리하고, 손을 씻는 활동의 반복을 통해 기본 생활 습관 형성과 더불어 여러 가지 표현 어휘의 확장을 경험할 수 있어요.

2. 외출 준비

• 옷 입히기

머리를 쏙 넣어볼까요? 팔을 꺼내요. 왼팔, 오른팔.

기저귀, 팬티, 바지, 양말, 모자, 내복. 엄마가 말하는 옷을 들어줄래요?

이 옷은 모자가 달린 옷이네. 단추가 3개가 있네. 단추를 채워놔서 머리가 안 들어갔어. 미안해요.

외출 준비를 위해 옷을 입으며 옷의 명칭과 관련된 어휘, 방향과 관련된 어휘, 숫자와 관련된 어휘, 신체와 관련된 어휘 등 다양한 어휘를 활용할 수 있으며, 부모와의 애착 형성에도 도움이 돼요.

• 방한용품 착용하기

오늘은 날씨가 매우 추워요. 모자를 써야겠어요.

모자를 쓰니 우리 아이들이 더 귀엽네요.

장갑을 껴볼까요? 손가락을 하나씩 쏙쏙 끼워봐요.

마스크를 쓰고 가요. 미세먼지가 많아서 마스크를 써야 해요.

날씨와 관련된 어휘를 활용할 수 있는 이 활동은 추상적인 시간 변화를 아이의 생활 속에서 자연스럽게 터득할 수 있다는 장점이 있고 날씨에 따라 복장이 달라짐을 아이 스스로 이해할 수 있어요.

- **신발 신기**

  신발 신어요. 오늘은 비가 오니까 장화를 신을 거예요.
  동생 신발, 꿈이 신발이 가지런히 놓여 있어요. 왼발, 오른발 쏙쏙 넣어봐요.

  샌들, 장화, 운동화, 슬리퍼 등 신발과 관련된 세부적인 어휘를 익힐 수 있으며 동생 신발, 엄마 신발, 아빠 신발 등을 구분하는 과정에서 소유 개념도 익힐 수 있어요.

- **문 열고 나오기 전에**

  오늘은 비가 와서 킥보드를 탈 수 없어요.
  오늘은 우산 쓰고 나가볼까요?
  자전거 타고 갈 거예요?
  헬멧과 보호대를 착용해요.

  외출을 위한 마지막 관문인 문 앞에서 옷차림과 관련된 종합적인 대화가 가능하며 자전거 타기, 산책하기, 차 타고 이동하기 등 나가서 할 일과 관련된 대화에도 활용할 수 있어요.

3. 목욕하기

• **탈의하기**

목욕할 사람! 화장실 앞에서 옷 벗고 준비해요.

내복도 벗어야지요. 머리를 빼는 게 힘들어요? 도와줄까요?

목욕 전 화장실 앞에서 탈의를 하며 신체와 관련된 어휘, 옷과 관련된 어휘를 활용할 수 있어요.

• **목욕용품 준비하기**

컵 갖고 놀 사람? 오리 갖고 놀 사람? 배 갖고 놀 사람?

꿈이는 파란색 배 갖고 놀고, 행복이는 컵 갖고 놀아요. 물을 먹지 않아요.

목욕용품, 목욕 장난감, 화장실 내부의 물품과 관련된 대화를 이어 나가며 구체적인 어휘를 사용할 수 있어요.

• 마무리하기

머리를 감겨줄게요. 샴푸를 짜고, 문질러봐요.

샤워 타월에 비누를 짜고 온몸에 문질러요.

물로 헹궈요. 물이 너무 뜨거워요? 물이 너무 차가워요? 적당해요?

수건으로 몸을 닦아요. 감기 걸리지 않게 물기를 잘 닦아요.

목욕을 하며 물의 양과 온도에 관한 대화, 신체 부위에 관한 대화, 물놀이 장난감의 색깔에 관한 대화 등 다채로운 대화가 가능해요.

어쩌다 성공한 엄마표 언어치료

아기의 언어에 관심을 갖고 자료를 찾고 이런저런 노력을 하던 중 언어치료와 관련된 여러 도움을 알게 되었다. 흔히들 아기의 말이 늦으면 '언어치료 센터'를 떠올린다. '엄마표 언어치료'를 주제로 책을 쓰긴 했지만 아이의 언어가 늦다고 생각되었을 때 가장 먼저 해야 할 일은 전문가와의 상담이다. 내가 확신을 갖고 엄마표 언어치료를 진행할 수 있었던 건 때마다 만나왔던 전문가들로부터 언어가 늦긴 하지만 문제될 것은 없다는 진단을 받았기 때문이다.

감기, 장염, 수족구 등으로 소아과를 방문할 때마다 곁다리로 꼭 아기의 언어 발달에 대한 상담을 했고 '눈맞춤 문제'가 없다는 근거로 걱정할 일이 없다는 말을 들어왔다. 아기를 가장 가까이서 보는 어린이집 선생님의 말에 방문한 재활 의학과에서 의사 선생님의 홀대 아닌 홀대를 받았지만 그 자체로 기쁘게 받아들였다.

그럼에도 의심을 거두지 못하고 언어치료 센터에 대해 고민하기도 했는데 만약 둘째가 없었다면 센터에 의지했을 수도 있다. 그리고 그 지름길을 따라 더 빠른 결실을 맺을 수도 있었겠지만 본의 아니게 '여건이 되지 않아' 센터에 가진 못했다.

책과 인터넷을 통해 정보를 얻고 활용하던 중 매너리즘에 빠져든 시기가 있었다. 언어치료에도 홈 티처가 있다는 사실을 알고 지역 내 선생님을 검색하던 중 '언어치료 실습 제도'를 알게 되었다. 보통 언어치료 관련 학과에서는 자체적으로 마련한 규정에 의해 실습 기관을 지정하는데, 몇몇 사이버대학교에서는 학부생들이 직접 실습생을 지정하고 실습 과정을 녹화하여 교수님들에게 지도 조언을 받는 제도다.

조심스레 댓글을 달고 아기의 언어에 대한 진단을 받았다. 첫날은 선생님과 함께 놀이를 병행하며 아기와 함께 상담을 했는데 '언어치료가 필요한 수준'이라는 일종의 가진단을 받고, 몇 주 후에 정식 평가지를 통해 진단 실습을 진행했다. 아기가 그 '진단'에 흥미가 없어 이리저리 돌아다녀 3일 정도에 걸쳐 평가를 받았던 것으로 기억한다.

그러고 나서 실습 대상자로 확정됐는데 문제가 생겼다. 내가 갑자기 매너리즘을 극복해버리고 더 가열차게 아이의 언어에 개입하기 시작한 것이다. 선생님과 아기의 대화 양상을 보며 감이 왔다고 해야 할까. 진단 실습 후 3주 가량의 시간이 지난 후 본 실습이 시작됐는데 꿈이가 너무 빠른 속도로 따라오고 있어 선생님께서 다소 당황한 모습이었다. 그렇게 3주가량 본 실습을 하고 난 후 꿈이의 언어치료는 종료됐다. 멘토 교수님이 종료를 권했기 때문이다.

"지금 상태로는 조금 늦긴 하지만 금방 정상 발달을 할 것으로 보입니다. 엄마가 지금까지 해왔던 것처럼 계속 잘 키우면 될 것 같습니다"

정말 기분 좋은 일인데 나는 너무 불안했다. 내가 보기엔 아직도 갈 길이 멀었기 때문이다. 아기는 여전히 간단한 문장을 말할 뿐 이제야 어휘가 폭발하나 싶은 상태였고 '왜?'라는 질문을 이해하지 못했다. 그래서 더더욱 열심히 엄마표 활동을 해야 했다. 이제 아기의 언어에 엄마의 역할이 가장 중요해졌으니 말이다.

결국 '어쩔 수 없이' 진행된 엄마표 언어치료는 소 뒷걸음질 치듯 성공으로 이어졌다. 우리 아기는 무럭무럭 자라 48개월 영유아검진을 마쳤다. 직전의 영유아검진 역시 할 줄 아는 미션이 별로 없어 노심초사했던 기억이었는데 전 영역에 걸쳐 대부분의 문항을 '잘할수 있다'에 체크할 수 있게 되었다. 엄마 눈에는 여전히 완벽하지 않아 이 문항의 기준이 너무 낮은 건가 싶어 의사 선생님에게 재차 확인하기까지 하다가 문득 1년 전 영유아검진 때 "정말 이 많은 걸 다른 애들은 하나요?"라는 질문을 했던 모습이 떠올랐다.

이 책을 발견하고 여기까지 읽어낸 부모님들은 벌써 절반은 성공했다고 본다. 아이에게 의학적인 문제가 없음이 확인됐다면 이제 이 책을 덮고 당장 아이에게 무슨 말이라도 하길 바란다. 약 1년 후, 지난날의 걱정은 기억도 안 날 정도의 추억이 되어 있을 것이다.

·

꿈이와 행복이 언어 성장 관찰 일기

꿈이와 행복이는 둘 다 내 아들이지만 말 트이는 속도가 확실히 달랐다. 꿈이가 느린 편이고 행복이는 매우 일반적이었다. 그래서 꿈이와 행복이가 월령별로 어떤 특징을 보였는지, 우리 부부가 둘을 육아하며 달랐던 점이 무엇인지 정리해 봤다. 참고로 둘째 행복이는 현재 15개월이다. 이에 맞춰 15개월까지는 행복이의 상황에 맞췄고 이후는 일반적인 아동의 언어 발달로 비교했다.

월령	꿈이	행복이(일반 아동)
0~6개월 언어적 특징	• 엄마 아빠의 음성을 듣고 웃는다. • 소리가 나는 쪽을 바라본다. • 엄마의 표정을 보며 감정을 유추한다. • 기계음과 사람의 말소리를 구분한다.	
〈엄마의 분석〉 왜 이런 차이가?	• 모빌, 동요를 매일 들려줬다. 노래하듯 옹알이를 하지만 자주 하지는 않았다. • 엄마 음성으로 노래도 많이 불러줬는데, 안아서 노래를 불러주면 바로 잠드는 순둥이였다. • 깨어 있는 동안은 혼자 노는 시간이 많았다. 본인의 활동에 누군가 개입을 하면 싫어하거나 다른 곳으로 가 뒤에서 지켜볼 뿐이었다. • 분유 먹는 걸 너무 싫어해서 모빌이나 장난감으로 관심을 돌려야 먹일 수 있어 대화는 꿈도 못 꿨다.	• 모빌, 동요를 매일 들려줬다. 다양한 높낮이의 옹알이를 했다. • 놀다가 잠들거나 잠에 못 이겨 소리를 지르는 등 잠투정이 있어, 가만히 안고 자장가를 불러 재운 적이 거의 없었다. • 혼자 잘 놀면서도 옆에서 누군가 관심을 줘야 더 즐거워했다. • 젖병을 빨며 눈을 맞추고, 말 걸어주는 것을 좋아했다.

7~10 개월 언어적 특징	• 여전히 노래하듯 옹알이를 했다. • 처음에는 "엄마", "아빠"를 몇 번 하더니 나중에는 전혀 안 했다. • "꿈이야." 하고 불러도 거의 뒤 돌아보지 않았다. • 초인종 소리 등에 반응하는 것으로 보아 청력에는 이상이 없었다. • 소아과 상담에서도 별다른 이상 소견이 없어 아이의 성향이라고 판단하고 존중했다.	• 엄마, 아빠, 까까, 무(물)처럼 간단하고 자주 듣는 단어를 말을 하기 시작했다. • "엄마 어딨어?"와 같이 간단한 질문을 이해하고 대상을 손가락으로 가리켰다. • "공 가져와.", "기저귀 가져와."와 같은 말을 알아듣고 수행할 수 있었다. • "안 돼!"와 같은 말을 이해하고 하던 일을 멈출 수 있었다.
〈엄마의 분석〉 왜 이런 차이가?	• 평일에는 조용히 엄마와 단둘이 집에만 있는 시간이 많았다. 워낙 안 먹는 아이라 밥을 먹이는 것에 매우 집중했다. • 여전히 혼자 노는 것을 좋아해 누군가와 상호 작용하는 시간이 전혀 없었다. 외출 시에도 얌전하게 유모차에 있어 주변 환경에 대한 대화를 나눈 적이 거의 없다. • 아이에게 "~해줄래?"와 같은 심부름을 시킨 적이 없다.	• 3개월 무렵 친정 근처로 이사해, 친정 부모님은 물론 산후조리 중이던 언니와 사촌 동생 등 매일 북적북적한 분위기 속에서 거의 3개월 정도 공동 육아를 했다. • 둘째의 월령에 맞추기보다 첫째의 더딘 발달에 신경 쓰고 있어 상황에 맞춰 계속 말을 했다. • 엄마는 한 명인데 아기는 둘이라 겨우 걷기 시작한 아이에게 말도 안 되는 심부름을 시킨 적이 많았다. 그런데 몇 번 시키면 금세 곧잘 수행해서 놀라곤 했다.

부록 꿈이와 행복이 언어 성장 관찰 일기

11~15 개월 언어적 특징	• 엄마 아빠의 말을 거의 듣지 않았다. 예를 들어 "꿈이야" 하고 불러도 들은 척도 안 했다. • "엄마", "아빠", "까까"를 분명할 줄 아는데 하지 않는다.	• "차렷"하면 차렷 동작을 하고, "나가자." 하면 신발장으로 간다. • "엄마 전화기 가져와."하면 아빠 전화기와 구분하여 갖고 온다. • "모두 제자리, 정리하세요."하면 장난감을 제자리에 정리한다. • "안녕", "안가(안녕히 가세요)", "나가"와 같이 단어를 넘어 의사소통을 하기 시작했다. • 음률이 있는 말을 듣고 음률을 따라 한다. 예를 들어 "나.무." 라고 한 음절씩 끊어 말해주면, "빠.뽀." 이런 식으로 따라 하려 노력한다.
〈엄마의 분석〉 왜 이런 차이가?	• 이 시기까지도 평일에는 엄마와 단둘이만 있었다. 1월생이라 이 시기에 한겨울이 끼어 있어서 문화 센터도 가지 않고 집에서 조용히 지냈다. • 오후 5시에 자고, 밤중 수유(일명 꿈수)를 2~3번 하고 새벽 5시쯤 일어나서 밥 먹고(뱉고) 치우고 씻고 혼자 노는 일상이었다. • 인지, 대근육, 소근육, 눈맞춤 등 '언어' 빼고는 모두 정상이었기 때문에 의사 선생님도 기다려보라는 소견이었다. • 15개월쯤 어린이집을 다니기 시작했다. 어린이집 선생님이 아이 행동에 의심을 품기 시작했다.	• 9개월쯤 어린이집에 다니기 시작했다. • 같은 반 1월생 아이가 걸어 다니자 기를 쓰고 연습하더니 금세(10개월 차) 걷기 시작했다. 또 그 아이가 말을 시작하니 계속 흉내를 냈다. • 어린이집 등하원 전후 형과 함께 장난감을 갖고 놀고 정리하며 마치 자기가 4살인 양 놀기 시작했다. • 알아듣든 못 알아듣든 계속 말을 걸며 엄마 아빠도 2살 아기를 두고 4살 아기 다루듯이 대화를 했다.

우리 아이가 말이 늦어요

16~24 개월 언어적 특징	• 단어를 이해하는 것 같기는 한데, 아이가 상호 작용을 해주지 않아 확실히 알 길이 없다. • 불어나 중국어로 들리는 외계어를 한다. • 구석에서 혼자 속삭이듯 말을 연습한다. • 명사 표현 어휘가 10개도 채 되지 않는다. • '물'이라고 말해야 물을 준다고 말했는데 끝까지 '물'을 안 하고 1시간 넘게 운 사건이 있었다.	• "먹어", "서", "앉아", "봐"와 같은 간단한 동사 이해가 가능한 시기다. • "이게 뭐야?"와 같은 질문이 등장한다. • 궁금한 것에 대한 질문이 가능하고 나름 대답도 할 수 있다. • "옷장에 가서 양말 꺼내와."와 같은 연속된 지시를 수행할 수 있다. • 약 50~100개 정도의 명사 표현 어휘를 가질 수 있다. • 자주 사용하는 물건의 이름을 알고 있으며 비슷하게 따라 말할 수 있다. • 소유에 관한 개념을 이해한다.
〈엄마의 분석〉 왜 이런 차이가?	• 엄마가 복직해, 하루를 온전히 어린이집에서 보내게 됐다. • 어린이집에서 꿈이는 1월생인데, 같은 반 친구들이 대부분 10월 이후 출생이었다. 어린이집에서 어떻게 보냈는지 세세하게 알지 못하지만 같은 반 아이들의 생일이 늦다 보니 꿈이의 언어가 늦는다는 것이 크게 부각되지 않았다. • 담임 선생님이 다른 발달이 모두 빠른데 유독 언어가 늦고 호명 하지 않으니 큰 병원에 가보라고 권했다. 대학병원에서 정상 판정을 받았다. • 정상 판정 후 모두 혼자 잘 놀고 잘 자고 '밥 안 먹는 것 빼고는 손이 안 가는 아기'로 여겼다.	• 17개월인 현재, 말이 빠른 편이라 같은 반 친구들 이름을 얼핏 부르기 시작했다. "아니야."를 입에 달고 살고 있다. • 어린이집에서 배운 노래를 가사에 맞게 따라 부르려 노력하고 가사에 맞는 율동을 한다.

25~36 개월 언어적 특징	• 대부분의 동사는 이해하는데, 쉬운 명사 어휘도 모르는 경우가 종종 있다. • 색깔과 모양은 확실히 이해하지만 위치어, 부사어의 이해가 부족하다. • 외계어와 한국어가 섞인 듯한 말을 한다. • 전보다는 당당하게 말을 하지만 알아듣기가 힘들다. • 사과, 수박과 같은 발음을 어려워하는 등 발음이 부정확하다. • "이거 뭐야?"가 잠깐 등장했다가 사라졌다. • 말은 안 하는데 동요는 부르고, 숫자는 읽을 줄 안다.	• 대부분의 일상 동사를 이해하기 시작하며 문장의 길이가 긴 문장의 이해가 가능하다. • 다섯 낱말 정도가 이어진 간단한 단문이나 복문을 이해한다. • 위치어, 부사어, 색깔과 모양에 대한 이해가 가능하다. • 활발한 문장 만들기가 가능하다. • 질문을 위해 말끝을 올리거나 과거 시제 사용이 가능하다. • 두 단어로 된 문장 형태가 보편화되며 표현 어휘 수가 50~300개 정도에 이른다.
〈엄마의 분석〉 왜 이런 차이가?	• 〈앞으로〉라는 동요가 마음에 들어 종일 부르며, "앞으로, 앞으로, 앞으로, 앞으로!"를 하루면 100번은 했다. 숫자가 마음에 들 때는 엘리베이터나 지하주차장 등 보이는 숫자를 찾아 종일 읽었다. • 대화는 하지 않고 한 가지 노래만 외워 부르고 숫자만 읽는 등의 행동을 보고 혹시 자폐증이 아닌가 염려가 되기도 했다. 그래서 의사 선생님에게 진료를 받았는데 자폐 성향은 없다는 결과가 나왔다. • 이맘때 동생이 태어났는데, 그래서인지 상호 작용도 많이 늘고, 친구들과 함께 노는 것도 즐기는 모습을 보였다.	

우리 아이가 말이 늦어요

37~48 개월 언어적 특징	• 다른 사람들이 하는 말을 대부분 이해할 수 있다. • 처음 듣는 단어들이 등장하면 예전과 달리 그 단어를 되묻거나, "어려워요."라고 말한다. • 다른 사람들의 말에 대답하고 따라 하기도 한다. • "왜", "어떻게"에 대한 대답을 하기 시작했다. • 부모님의 차 번호와 전화번호를 외워 혼자 묻고 대답하는 놀이를 자주 한다.	• 방향에 대한 이해, 복잡한 지시, 복수형에 대한 이해, 작은 단위의 신체 부위에 대한 이해, 의문사 이해, 반대말 개념 등을 모두 확고히 다지는 때다. • 언어의 규칙이나 문법을 습득해 가면서 세련된 형태로 구사한다. • 사물의 기능을 구사할 수 있고 표현 어휘의 수가 800~1500개 정도에 이른다.
〈엄마의 분석〉 왜 이런 차이가?	• 본격적으로 엄마표 언어치료를 진행한 시기다. 책을 보며 이 시기에 할 수 있는 어휘를 점검하고 그에 맞춰 대화했다. • 처음에는 대답을 잘못하는 등 집중을 안 하는 것처럼 보여 다그치기도 했는데 문득 아이가 이해가 안 돼서 그런 것 같아 차근차근 말해줬다. "잘 모르는 단어가 나오면 엄마한테 물어보거나 어렵다고 말하면 돼." 하니, "어려워요."라고 말해, 그 뜻을 말해주면 그 단어를 이해했다. 표현법을 몰라 그동안 답답했겠구나 싶은 순간이었다. • 발음이 잘 안 되는 것 같아 셀프 구강 마사지를 해주기도 하고 함께 책을 읽기도 했다. 이런 생활을 반복하다 보니 어느새 자연스럽게 언어 발달이 정상 궤도에 올라섰다.	

집에서 직접 하는 엄마표 현실 언어치료

우리 아이가 말이 늦어요

초판 1쇄 발행 2020년 8월 3일
초판 4쇄 발행 2022년 8월 5일

지은이 서유리
펴낸이 민혜영
펴낸곳 (주)카시오페아 출판사
주소 서울시 마포구 월드컵로 14길 56, 2층
전화 02-303-5580 | **팩스** 02-2179-8768
홈페이지 www.cassiopeiabook.com | **전자우편** editor@cassiopeiabook.com
출판등록 2012년 12월 27일 제2014-000277호
편집1 최유진, 오희라 | **편집2** 이호빈, 이수민 | **디자인** 이성희, 최예슬
마케팅 허경아, 홍수연, 이서우, 변승주
외주 편집 이선일 | **외주 디자인** 별을 잡는 그물

ⓒ서유리, 2020
ISBN 979-11-90776-11-0 03590

이 도서의 국립중앙도서관 출판시도서목록 CIP는 서지정보유통지원시스템 홈페이지(http://seoji.nl.go.kr)와
국가자료공동목록시스템(http://www.nl.go.kr/kolisnet)에서 이용하실 수 있습니다.
CIP제어번호: CIP2020029390

· 잘못된 책은 구입한 곳에서 바꾸어 드립니다.
· 책값은 뒤표지에 있습니다.